機械系コアテキストシリーズ C-2

流体力学

鈴木 康方・関谷 直樹
彭　 國義・松島　 均
沖田 浩平

共著

コロナ社

機械系コアテキストシリーズ 編集委員会

編集委員長

工学博士　金子　成彦（東京大学）

〔B：運動と振動分野 担当〕

編集委員

博士（工学）　渋谷　陽二（大阪大学）

〔A：材料と構造分野 担当〕

博士（工学）　鹿園　直毅（東京大学）

〔C：エネルギーと流れ分野 担当〕

工学博士　大森　浩充（慶應義塾大学）

〔D：情報と計測・制御分野 担当〕

工学博士　村上　存（東京大学）

〔E：設計と生産・管理（設計）分野 担当〕

工学博士　新野　秀憲（東京工業大学）

〔E：設計と生産・管理（生産・管理）分野 担当〕

2017年3月現在

刊行のことば

　このたび，新たに機械系の教科書シリーズを刊行することになった。

　シリーズ名称は，機械系の学生にとって必要不可欠な内容を含む標準的な大学の教科書作りを目指すとの編集方針を表現する意図で「機械系コアテキストシリーズ」とした。本シリーズの読者対象は我が国の大学の学部生レベルを想定しているが，高等専門学校における機械系の専門教育にも使用していただけるものとなっている。

　機械工学は，技術立国を目指してきた明治から昭和初期にかけては力学を中心とした知識体系であったが，高度成長期以降は，コンピュータや情報にも範囲を広げた知識体系となった。その後，地球温暖化対策に代表される環境保全やサステイナビリティに関連する分野が加わることになった。

　今日，機械工学には，個別領域における知識基盤の充実に加えて，個別領域をつなぎ，領域融合型イノベーションを生むことが強く求められている。本シリーズは，このような社会からの要請に応えられるような人材育成に資する企画である。

　本シリーズは，以下の5分野で構成され，学部教育カリキュラムを構成している科目をほぼ網羅できるように刊行を予定している。

　　　A：「材料と構造」分野
　　　B：「運動と振動」分野
　　　C：「エネルギーと流れ」分野
　　　D：「情報と計測・制御」分野
　　　E：「設計と生産・管理」分野

刊 行 の こ と ば

　また，各教科書の構成内容および分量は，半期2単位，15週間の90分授業を想定し，自己学習支援のための演習問題も各章に配置している。

　工学分野の学問内容は，時代とともにつねに深化と拡大を遂げる。その深化と拡大する内容を，社会からの要請を反映しつつ高等教育機関において一定期間内で効率的に教授するには，周期的に教育項目の取捨選択と教育順序の再構成が必要であり，それを反映した教科書作りが必要である。そこで本シリーズでは，各巻の基本となる内容はしっかりと押さえたうえで，将来的な方向性も見据えることを執筆・編集方針とし，時代の流れを反映させるため，目下，教育・研究の第一線で活躍しておられる先生方を執筆者に選び，執筆をお願いしている。

　「機械系コアテキストシリーズ」が，多くの機械系の学科で採用され，将来のものづくりやシステム開発にかかわる有為な人材育成に貢献できることを編集委員一同願っている。

　2017年3月

編集委員長　金子　成彦

まえがき

　流体力学は，機械系では，機械力学（工業力学），材料力学，熱力学とともに基礎力学系科目の中核をなす学問であるが，分野が多岐にわたるだけでなく，現象をイメージしづらく理論と実現象との対応において理解が困難であることを多く耳にする。

　そこで本書では，限られた時間で機械系の流体力学の初学者がその対応を付けられるようになり，基礎的かつ実用的な範囲を修得できるように配慮した。その内容は，非圧縮性流体と定常な現象を主としており，古典的なポテンシャル流れの理論についてはそのほとんどを他書に譲ることにした。また本書は全6章で構成されており，基本的には章の順番どおりに学んでもらうことを想定しているものの，分量が多すぎて読者が読み進めることを断念しないよう，応用的な内容は飛ばして読み進めても全体の流れには支障のないように配慮して構成されている。

　第1章（担当：鈴木）は，流体力学を学ぶための導入であり，機械系分野を想定した有効数字や単位換算や流体の物性，流体力学での座標や物理量の表し方，また第2章以降では扱わない圧縮性流体などについてまとめている。

　第2章（担当：関谷）は，運動していない静止状態の流体の力学を対象としており，おもに圧力の定義や性質，壁面に働く流体力や浮力などの静止する流体における力の釣合いについて述べている。

　第3章（担当：沖田）は，運動する流体の力学を対象としており，流体力学特有の，流体の捉え方や表し方，流体の運動と変形，流体力学における質量保存則やエネルギー保存則についてまとめている。

　第4章（担当：松島）は，流体の運動方程式を対象としており，機械力学分野と流体力学分野でまったく別のように見えてしまう運動方程式について，

ニュートンの運動法則より機械力学分野と同様の手法により導出して説明している。このようなまとめ方は本書の大きな特徴となっている。また，それらをもとに，直線運動および回転運動における運動量の法則についてもまとめている。

第5章（担当：彭）は，内部流れの基礎であり，かつ工学的に重要なテーマである管内流れを対象としており，管内流れの層流や乱流の状態の予測や管路単体や管路系としてのエネルギー損失の見積もりなど，配管設計やポンプなどの選定にも役立つ内容の説明をしている。

第6章（担当：鈴木）は，外部流れの基礎として，一様流中に物体が置かれた場合の流体力や流れのパターンの特性，基本的形状物体である円柱，平板，翼周りの流れを対象としており，境界層厚さや抗力の予測式，流れの様子やそのメカニズムなどについてまとめている。

本書の内容は，執筆者である日本大学理工学部，工学部，生産工学部の機械工学科の教員がそれぞれの講義での経験をもとに何度も長時間にわたる議論を重ね，特に，大学に入学した初学者がゼロから流体力学を学ぶことを想定し，重要な内容を限られた時間で修得することに主眼を置いて内容を吟味して作り上げた。上記の各学部では，本書を共通して基礎科目の講義で使用することを念頭に置いているが，使用期間は半年から1年強の間で，それぞれ異なる。そこでこのような状況にも対応できるように，以下の点に留意した。

・全章を通しての説明の流れの順序に一貫性があること
・なるべく具体的かつ実用的な事例に即した数値を提示すること
・式の導出はなるべく避け，重要な式は例題で扱うこと。またその式を用いた具体的な計算は章末の演習問題とすること
・すべての演習問題の解答を略せずに掲載すること

本書を流体力学分野の導入として，より専門的な内容の修得に活用していただければ幸いである。

最後になりますが，本書執筆のきっかけとなった日本大学の学生諸君，詳細に査読してくださった編集委員の鹿園直毅 東京大学生産技術研究所教授，知識を若い世代に伝える貴重な機会を与えてくださったコロナ社に，心より謝意を表します。

2018年4月

執筆者を代表して　鈴木康方

目次

1章 流体の性質

1.1 流体とは 2
 1.1.1 流体とは 2
 1.1.2 流体工学とその利用 2
1.2 流体力学で扱う物理量と単位 6
 1.2.1 SI単位 6
 1.2.2 工学単位 8
 1.2.3 有効数字 8
1.3 流体の物性，圧縮性，表面張力 10
 1.3.1 密度と比重 10
 1.3.2 粘性 12
 1.3.3 圧縮性 16
 1.3.4 表面張力 19
1.4 本書で扱う「流体力学」の範囲 21
演習問題 23

2章 静止流体の力学

2.1 圧力の性質 25
2.2 圧力の単位と表示方法 27
2.3 静止流体中の圧力 28
2.4 圧力計 30
 2.4.1 マノメータ 30
 2.4.2 他の圧力計 34
2.5 壁面に働く流体力 35
 2.5.1 壁面に作用する圧力による力 35
 2.5.2 圧力による力の作用点 36

2.5.3 曲面に作用する圧力による力　*39*
2.6 浮力と浮揚体の安定性　*41*
　2.6.1 浮　　　　力　*41*
　2.6.2 浮揚体の安定性　*43*
2.7 容器とともに運動する液体中の圧力　*44*
　2.7.1 直線運動をする場合　*44*
　2.7.2 回転運動をする場合　*46*
演 習 問 題　*48*

3章 流体の運動と保存則

3.1 流れの捉え方　*54*
　3.1.1 流体の運動の捉え方　*54*
　3.1.2 定常流・非定常流　*54*
　3.1.3 流線・流跡線・流脈線　*55*
　3.1.4 一様流・非一様流　*55*
3.2 流体の運動と渦　*56*
　3.2.1 流体の運動・変形　*56*
　3.2.2 渦 と 渦 度　*56*
3.3 流 れ の 形 態　*58*
　3.3.1 層 流・乱 流　*58*
　3.3.2 レイノルズ数　*59*
3.4 連 続 の 式　*60*
3.5 ベルヌーイの式　*62*
3.6 ベルヌーイの式の応用　*66*
　3.6.1 ピ ト ー 管　*66*
　3.6.2 ベンチュリ管　*68*
　3.6.3 エネルギーの増減を伴う場合のエネルギーの保存　*70*
演 習 問 題　*71*

4章 流体の運動方程式と運動量の法則

4.1 流体の運動方程式　*75*
4.2 運動量の法則　*79*
　4.2.1 運動量の法則　*79*

4.2.2　管路系に対する運動量の法則の一般式　*80*
4.3　運動量の法則の応用　*82*
　　4.3.1　曲面板に衝突する自由噴流　*83*
　　4.3.2　タンクからの自由噴流　*86*
　　4.3.3　航空宇宙推進機器の推力　*87*
4.4　角運動量の法則　*89*
演　習　問　題　*91*

5章　管内流れと損失

5.1　管内流れの特性　*95*
　　5.1.1　層流と乱流および流れの遷移　*95*
　　5.1.2　助走区間と助走距離　*97*
　　5.1.3　流体摩擦とせん断応力　*98*
　　5.1.4　摩擦抵抗と圧力損失　*100*
5.2　発達した円管内層流　*102*
　　5.2.1　速　度　分　布　*102*
　　5.2.2　圧　力　損　失　*104*
5.3　発達した円管内乱流　*106*
　　5.3.1　円管内乱流の構造と速度分布　*106*
　　5.3.2　圧　力　損　失　*108*
5.4　管摩擦損失と流量の計算　*113*
　　5.4.1　円管における圧力損失　*113*
　　5.4.2　円管流量の計算　*114*
　　5.4.3　非円形断面管路の摩擦損失　*115*
5.5　管路系における諸損失　*117*
　　5.5.1　断面積が急変する場合の損失　*118*
　　5.5.2　断面積が緩やかに広がる管の損失　*120*
　　5.5.3　流れ方向が変化する場合の損失　*122*
　　5.5.4　バルブの損失　*124*
　　5.5.5　分岐管と合流管の損失　*125*
5.6　管路系の総損失とエネルギーの保存　*126*
　　5.6.1　管路系の総損失　*126*
　　5.6.2　修正ベルヌーイの式　*126*

　　　　　5.6.3　管路の流量公式　*127*
　　　　　5.6.4　流体の輸送と水動力　*130*
　　　　　5.6.5　管路網の流量配分　*131*
　　演　習　問　題　*134*

6章　物体周りの流れ

　　6.1　相　似　則　*138*
　　6.2　物体に働く抗力と揚力　*139*
　　　　　6.2.1　揚力係数と抗力係数　*139*
　　　　　6.2.2　抗　力　の　種　類　*140*
　　　　　6.2.3　物体形状と抗力係数　*140*
　　6.3　円柱周りの流れ　*146*
　　　　　6.3.1　レイノルズ数と流れのパターン　*146*
　　　　　6.3.2　カルマン渦列とストローハル数　*147*
　　　　　6.3.3　はく離と圧力分布，抗力係数の特性　*148*
　　6.4　翼周りの流れ　*154*
　　　　　6.4.1　翼形と各部の名称と主要なパラメータ　*154*
　　　　　6.4.2　翼の周りの流れと圧力分布　*158*
　　　　　6.4.3　翼周りの流れと翼性能　*160*
　　6.5　境　界　層　*163*
　　　　　6.5.1　境界層の発達と摩擦抗力　*163*
　　　　　6.5.2　境界層厚さと形状係数　*164*
　　　　　6.5.3　平板上に発達する境界層流れ　*165*
　　　　　6.5.4　境界層のはく離と再付着　*176*
　　　　　6.5.5　境界層の制御　*177*
　　6.6　噴流と後流　*179*
　　　　　6.6.1　噴流と後流の構造　*179*
　　　　　6.6.2　流速分布と流れの幅の拡大　*181*
　　演　習　問　題　*182*

引用・参考文献　*185*
演習問題解答　*187*
索　　　引　*207*

1章 流体の性質

◆本章のテーマ

本章では，流体の定義や性質から始まり，流体力学の幅広い内容の概略を学習する．流体の表現の仕方を学び，空気の流れなど通常は目に見えずに想像しづらい流体の状態に対して具体的なイメージを持てるようにすることと，工業的によく使われる流体に関わる物性値とその物理的な意味を知り，数値の大きさの持つ意味を感覚的にも判断できるようにすることを目指す．

◆本章の構成（キーワード）

1.1 流体とは
  気体，液体，流れの可視化，力の釣合い
1.2 流体力学で扱う物理量と単位
  SI単位，工学単位，有効数字
1.3 流体の物性，圧縮性，表面張力
  密度，クエット流れ，粘性，粘度，動粘度，ニュートン流体，体積弾性係数，マッハ数，表面張力，毛管現象
1.4 本書で扱う「流体力学」の範囲
  理想流体，一様流，境界層，座標・流速の記号

◆本章を学ぶと以下の内容をマスターできます

☞ 流体力学で使用するおもな物理量と単位，有効数字の扱い方
☞ よく使われる流体の物性値
☞ 粘性流体と非粘性流体の違い
☞ 音速，マッハ数の算出方法と流体の圧縮性の定義
☞ 表面張力と力の釣合い
☞ 流体力学における座標と流速の表し方

1.1 流体とは

1.1.1 流体とは

　流体という呼び名は，容易に形状を変えることができる気体および液体の総称である。流体は容易に変形することができるため，隣り合った液体と混ざり合うこともある。ただし，海中の海流やエアコンから出る風のように境界面が見えない場合は流体がどの方向に流れているか，流れの様子がどのようになっているかを把握するのはそのままでは困難である。これは流体が目に見えにくく，また複雑なフローパターンになっており，イメージしにくいことに起因する。これらを知るには，人間の目に見える煙などを流れに混入させて追跡する方法（流れの可視化という）や，風見鶏の向く方向や風車（かざぐるま）の回転する速さから知る方法などの特殊な方法を用いなければならない。また，流体とは細かい渦粒子（流体粒子[†]）を指すこともあれば，それらの塊を指すこともある。球場の応援団のウェーブを，波が徐々に伝わっていくとする見方もあれば，一人ひとりが時間差で立ち上がったり座ったりしているとする見方もあり，液体の運動をどのように捉えるかの考え方や見方は唯一ではない。このような一見捉えどころのない印象を与える流体を知るには，流れの構造をイメージすることや，物理量の数値が持つ大きさや意味を感覚的に判断できるようにすることが最初の一歩である。

1.1.2 流体工学とその利用

　流体力学，とりわけ流体工学は，身の回りの流れの現象を解明して，それを実生活に効率よく利用するための学問である。

　台風（図 1.1）を含む天気の予報では，昨今は雲を介して気流の流れが鮮明に可視化されており，流れの様子がよくわかるようになっている。渦の挙動や強さを知ることにより，その移動先や悪天候の程度などを予測することができ，日々私たちの生活の役に立っている。また，天気の予報は災害の防止にも必須である。台風や竜巻の渦は風呂の湯を抜く際にも観察できるものと同様の

[†] 3.1 節を参照。

1.1 流体とは

図 1.1　台風の様子[1]†

ものであり，身近で確認することができる。

　航空機が墜落せずに安全に飛行したり離着陸するための装置や方法も流体力学によるものである。巡航状態における航空機に働く力の釣合いを図 1.2 に示す。航空機の揚力 L は対気速度の 2 乗に比例して増大するため，離着陸時には速度の低下とともに揚力の大きな低下が起こり，危険である。主翼単体では揚力の性能が限られるので，それを高めるためにフラップなどの補助翼が活用されている。そのほか，近年では軽量化や空気抵抗の低い形状による低燃費化など，高効率化が追及されている。

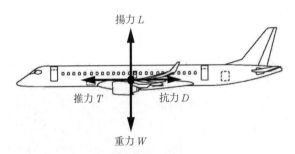

図 1.2　巡航状態における航空機に働く力の釣合い

　翼周り流れの理論は，風車（図 1.3）や扇風機などの流体機械の羽根車にも応用されている。流体機械でも，抗力は小さく揚力は大きくなるように設計さ

---

† 肩付き番号は巻末の引用・参考文献の番号を示す。

1. 流 体 の 性 質

図1.3 風力発電のサボニウス型風車

れており，風量の強弱によってはその効率がある程度低下する。航空機の墜落につながる失速状態が羽根車で起きると，羽根車は回転しているのに風がまったく来ないという状態になり，エネルギーを浪費してしまう。

　自動車における空気抵抗は車体の形状と燃費に直結するものであり（図1.4），斬新なデザインと低燃費を両立するのは意外と難しい。また，自動車では抗力の重要性は一般に認知されているものの，揚力の重要性は知られにくい。揚力は特にタイヤのグリップの良し悪しに関係し，鉛直下向きに生じるような車体の場合はよいが，鉛直上向きに生じると自動車が飛ぶことはないもの

図1.4 オープンカーの車体周りの流れの可視化実験
（日本大学理工学部機械工学科鈴木研究室提供）

の，ポンポン跳ねやすく乗り心地にも強く影響してくるので，自動車開発には揚力もきちんと評価されている。

広大な工場（プラント）内では液体や固体などの物体をあるセクションからつぎのセクションへと輸送する際にパイプラインが使われており，ここでも流体力学が活用されている。管内の流れは粘性による抵抗が生じるので，直管，拡大・縮小管，曲り管などの流体設計の方法が古くから研究され，確立されている。エアコンの配管もこれと同様であるが，管路の抵抗に流体を押し込む力が負けてしまうと風が流れていかなかったり，物体が輸送できないといった問題が生じてしまう。近年では，管壁を振動させて管内の物体を管壁から浮かし，摩擦抵抗を減らして輸送するなどの技術も研究されている。エアコンや送風機の場合，単体では設計した性能が出せても，その先に配管が接続されると，設計通りの性能が出なくなることもよくあるので，配管設計や送風機の選定が重要である。

血流においては，流れがよどむ場所には血栓ができやすく，人工臓器などで血流に高いせん断力を負荷させてしまう場合には赤血球が破壊されて酸素を各所にいきわたらせることができなくなってしまう。したがって，医学の分野でも古くから流体力学が活用されており，医師はそれを学んでいる。近年では血管のCTスキャン画像からの血流予測や血液ポンプ内の血流の正確な把握などが行われている。図 **1.5** に遠心型血液ポンプの例を示す。

図 **1.5** 遠心型血液ポンプ
（日本大学理工学部機械工学科鈴木研究室提供）

水泳やスキーのジャンプ，ゴルフなどでは，水や空気などの流体から受ける抵抗をどのようにすればわずかでも減らせるかが重要であり，流体力学を活用して取り組まれている。サメ肌の水着や，ジャンプの姿勢（**図 1.6**），ゴルフボールの表面の凹凸（**図 1.7**）などが，流体力学の理論に基づいて開発されたものである。

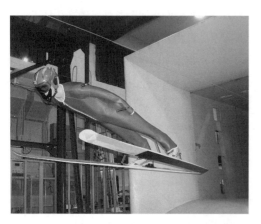

図 1.6 スキーのジャンプの姿勢の空力試験の様子
（日本大学理工学部理工学研究所空気力学研究センター提供）

図 1.7 ゴルフボール

このように，我々の身の回りには流体があふれており，流体力学がさまざまなところで活用されている。次節以降では，流体力学を修得するための準備から始めてゆく。

1.2 流体力学で扱う物理量と単位

1.2.1 SI 単 位

現在，通常使用されている単位系はすべて **SI 単位**（International System of Units，国際単位系）である。以下にその要点を示す（単位を〔 〕で表す）。

・**基本単位**：長さ〔m〕，質量〔kg〕，時間〔s〕，温度〔K〕など
・**組立単位**：基本単位の組合せ。密度〔kg/m^3〕，速度〔m/s〕，加速度

1.2 流体力学で扱う物理量と単位

$[m/s^2]$ など

- **SI 接頭語**：桁の調整。G（ギガ）$= 10^9$，M（メガ）$= 10^6$，k（キロ）$= 10^3$，h（ヘクト）$= 10^2$，c（センチ）$= 10^{-2}$，m（ミリ）$= 10^{-3}$，μ（マイクロ）$= 10^{-6}$，n（ナノ）$= 10^{-9}$ など。例） $1\,000\,\mathrm{m} = 1\,\mathrm{km}$
- **固有の名称を持つ SI 単位**：力 $[N]$（ニュートン）$= [kg \cdot m/s^2]$，圧力，せん断応力 $[Pa]$（パスカル）$= [N/m^2] = [kg/(m \cdot s^2)]$，仕事 $[J]$（ジュール）$= [N \cdot m] = [kg \cdot m^2/s^2]$，仕事率 $[W]$（ワット）$= [J/s] = [kg \cdot m^2/s^3]$，粘度 $[Pa \cdot s]$（パスカル秒）$= [N \cdot s/m^2] = [kg/(m \cdot s)]$ など

例題 1.1

以下の運動方程式の左辺と右辺の単位が同じになることを確認せよ。

$$F = m \frac{dv}{dt}$$

解答

上式の左辺と右辺の項の単位は，それぞれ以下のようになる。

左辺：$\mathrm{N} = \mathrm{kg \cdot m/s^2}$

右辺：$\mathrm{kg} \times \left(\dfrac{\mathrm{m/s}}{\mathrm{s}}\right) = \mathrm{kg \cdot m/s^2}$

以上より，両辺の単位は等しい。

例題 1.2

速度 $400\,\mathrm{km/h}$ の単位を $[\mathrm{m/s}]$ に変換せよ。

解答

$1\,\mathrm{km} = 1\,000\,\mathrm{m}$

$1\,\mathrm{h} = 60 \times 60\,\mathrm{s}$

であるので

$$400 \times \frac{1\,000}{60 \times 60} = 111\,\mathrm{m/s}$$

となる。また，上式の関係より下記のように単位を変換できるので，覚えてお

くと便利である。

例　10 m/s = 10 × **3.6** km/h = 36 km/h

1.2.2　工　学　単　位

従来使用されていた代表的な単位系として**工学単位**（gravitational units）がある。工学単位は 1 kg の質量に働く重力を基本量としており，重力単位系とも呼ばれる。また，質量〔kg〕と区別するため 1 kgf のように表示し，単位の読み方はキログラムフォース，あるいはキログラム重(じゅう)である。工学単位とSI 単位との間には，つぎのような関係がある。〔N〕で表される力の大きさはおよそ 1/10 を乗ずると感覚的にわかりやすい〔kgf〕になるので，屋外の現場などではこのようにして判断すると便利である。

$$1\,\mathrm{kgf} = 1\,\mathrm{kg} \times g\,[\mathrm{m/s^2}] = 9.807\,\mathrm{kgm/s^2} = 9.807\,\mathrm{N}$$

注)　標準重力加速度：$g = 9.806\,65\,\mathrm{m/s^2}$

おもな工学単位と SI 単位の換算値を**表 1.1** に示す。

表 1.1　おもな工学単位と SI 単位の換算値[2]

量	工学単位	SI 単位
圧　力	1 kgf/cm^2	98 066.5 Pa
粘　度	1 P（ポアズ）	0.1 Pa·s
熱　量	1 cal（カロリー）	4.184 J

1.2.3　有　効　数　字

工学の分野では測定値には必ず誤差を伴うため，計測器や計測方法により信用できる桁数をきちんと把握しておく必要がある。例えば，誤差が ± 0.002 kPa である圧力計で 0.872 … kPa という数値が得られたとすると，正しい値は 0.870〜0.874 kPa の間にある。よって，信用できる桁までで打ち切ると 0.87 kPa となり，これより下の桁の数値は正確でないため意味がない。このように，信用できる桁で打ち切った値を**有効数字**（significant figures）という。有

1.2 流体力学で扱う物理量と単位

効数字の桁数[†]をできるだけたくさん取りたければ，精度の高い計測を行うことが必要である。スケールでの測定値が 10.4 mm となれば，小数第 2 位以下の桁は不明であり，有効数字は 3 桁となる。これを 3 桁目で丸めて有効数字 2 桁とすると，10 mm となる。この丸め方には，3 桁目の数値を切り捨て，四捨五入，切り上げのいずれかの方法がある。値を丸めると，**真の値**（true value）との間に差ができ，これを**丸め誤差**（round-off error）という。流体力学の計算では何度か演算を行うことがあるが，その都度演算結果を丸めると丸めを繰り返すうちに精度が落ちることがあるので，注意を要する。例えば，0.004 56 という数字で 4，5，6 の 3 桁が有効数字であるならば，4.56×10^{-3} のように表すと誤解がない。

例題 1.3

有効桁数の異なる数値の掛け算を計算し，演算結果を四捨五入により丸めよ。

解答

① 有効数字 2 桁と 3 桁の演算：$1.2 \times 9.81 = 11.772 \approx 12$
② 有効数字 2 桁と 4 桁の演算：$1.2 \times 9.807 = 11.7684 \approx 12$

数値の掛け算と割り算では計算結果を有効数字の桁数が最も小さいものの有効桁数に合わせる。したがって，上記のようにいずれの演算結果も有効桁数は 2 桁となる。②のように有効桁数が大きく異なる数値の演算では，有効桁数の大きい数値の精度が無駄になってしまうのがわかる。最終的に取得したい数値や各計測値の有効桁数をきちんと考え，有効数字 3 桁の結果を得たければ，有効数字 4 桁以上の測定値を得ておくなどの必要がある。

例題 1.4

有効桁位[†]の異なる数値の足し算を行い，演算結果を四捨五入により丸めよ。

[†] 有効数字の桁数を有効桁数という。例えば，4.56×10^{-3} の有効桁数は 3 桁である。また，有効数字の末位を有効桁位という。例えば，4.56×10^{-3} の有効桁位は小数第 2 位である。

解答

① 有効桁位小数第1位どうしの演算：$10.2 + 5.1 = 15.3$
② 有効桁位小数第1位と小数第2位の演算：$10.2 + 5.13 = 15.33 \approx 15.3$

数値の足し算と引き算では掛け算と割り算の場合と異なり，計算結果を有効数字の末位が最も大きいものの有効桁位に合わせる。したがって，上記のようにいずれの演算結果も小数第1位までが有効となる。

昨今のパソコンを用いた各種計測では，計測器からのアナログの電圧信号を A-D 変換してパソコンでディジタル信号として保存することが多い。このときの計測されたファイルを開くとかなり桁数が大きい値が記録されていることが多いが，この数値すべてに意味があるとは限らないので，計測器の精度や数値解析における丸め誤差を考慮して有効数字の範囲をきちんと把握して結果の評価を行わなければならない。

1.3　流体の物性，圧縮性，表面張力

1.3.1　密度と比重

張力を扱うときには単位長さ当りの質量である線密度〔kg/m〕を，音の遮音性を扱うときには単位面積当りの質量である面密度〔kg/m²〕を，それぞれ用いるが，流体力学では物質の単位体積当りの**質量**（mass）である体積密度を用いることが多い。特に断りのない限り，流体力学での**密度**（density）はこの体積密度を指し，ρ〔kg/m³〕で表す。すなわち，ある体積 V〔m³〕の流体が質量 M〔kg〕であるとき，密度は次式のようになる。例えば，あるエレベータに標準的な体重の人が2人乗っている場合と10人乗っている場合では空間の体積は等しいものの乗っている人の合計の質量が後者のほうが大きいため，後者のほうが密度は高いということになる。

$$\rho = \frac{M}{V} \quad \text{〔kg/m}^3\text{〕} \tag{1.1}$$

1.3 流体の物性,圧縮性,表面張力

流体のある点の密度は

$$\rho = \lim_{\Delta V \to 0} \frac{\Delta M}{\Delta V} \quad [\text{kg/m}^3] \tag{1.2}$$

ここで,ΔM〔kg〕はその点を含む体積 ΔV〔m³〕内の質量である。

流体の密度は同じ体積でも流体の種類と温度により**表 1.2**に示すように大きく異なり,20℃の水と20℃の空気では密度はおよそ1 000 倍も異なる。また,密度は状態量であり,同じ流体でも温度と圧力により変化する。例えば,同じ空気でも流体の温度が低温よりも高温のほうが空気分子の分子間距離が大きくなるため,扇風機や換気扇を回している場合に高温の空気のほうが流速はわずかに速い。

表 1.2 流体の密度（標準大気圧）[9]

流体の種類	密度 ρ〔kg/m³〕
空気（0℃）	1.293
空気（20℃）	1.205
空気（40℃）	1.128
水（0℃）	999.9
水（4℃）	1 000
水（20℃）	998.2
水（40℃）	992.3
エチルアルコール	789
水銀（−2℃）	13 600
ひまし油（20℃）	960.3

密度 ρ の逆数 ν は比体積と呼ばれ,次式で表される。

$$\nu = \frac{1}{\rho} \quad [\text{m}^3/\text{kg}] \tag{1.3}$$

表 1.2 に示すように1気圧における純水の水の密度 ρ_w は温度4℃で1 000 kg/m³ であり,この4℃の水の密度に対する流体の密度の比を**比重**（specific gravity）といい,次式で表される。例えば,表 1.2 の密度よりエチルアルコールの比重は 0.789 となり,20℃の水の比重は 0.998 となる。

$$s = \frac{流体の密度 \rho}{1 気圧 4℃の水の密度 \rho_w} \quad [-] \tag{1.4}$$

1.3.2 粘性

水と蜂蜜をそれぞれ容器に入れて外から観察してみても，サラサラかドロドロかはわからない。しかし，**図 1.8** のように容器から皿に注ぐと水は一様に広がってゆくのに対し，蜂蜜は山を作るように盛り上がってゆく。この様子を見ると水がサラサラであり，蜂蜜がドロドロであることは感覚的にわかる。また，容器の中の水と蜂蜜をそれぞれスプーンでかき混ぜると，水よりも蜂蜜のほうが抵抗を感じるので，この様子から同様のことがわかる。日常生活で我々が感覚的に知っている液体のサラサラ，ドロドロといった違いは粘りの強さという言葉で表現され，流体力学ではこれを**粘度**（coefficient of viscosity）μ $[Pa\cdot s]$，あるいは**粘性係数**（viscosity）という物理量で表す。

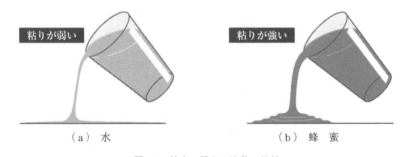

図 1.8 粘度の異なる流体の比較

図 1.9 に示すように，一定間隔の平行平板間を流体で満たし，上側の板のみを一定速度で平行に動かすと，直方体であった流体領域が**図 1.10** のように平行四辺形のように変形してゆがむ。これは流体の上下の面に水平方向に平行で逆向きの力が生じることによる。このような接線方向の力をせん断力といい，せん断力によって生じた上記のような変形をせん断変形という。

せん断力は路面上を滑ろうとした際に生じる摩擦力と同じものである。これは流体に限らずに固体でも同様に起こるものであり，材料力学でも習う力であ

1.3 流体の物性，圧縮性，表面張力

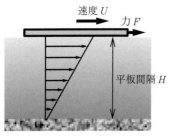
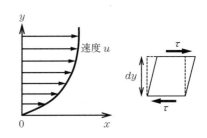

図 1.9 クエット流れ　　　　図 1.10 物体表面付近の流れ

る。実際に上記の上側の板を手で平行に動かしてみると，抵抗を感じることができ，ある程度の力が必要なことがわかる。流体の粘りの強さが大きいほど，大きな力を必要とする。このように平行平板間に流体が満たされ，一方の平板のみを一定速度で平行に動かした場合に，平板の下の流体は平板にくっついて流れる。このような流れを**クエット流れ**（Couette flow）と呼ぶ。

クエット流れでは，流体の速度分布は図 1.9 のように直線的な分布となることがわかっており，平板間隔を H〔m〕，流体の粘度を μ〔Pa·s〕，上側の平板の面積を A〔m²〕とし，これを速度 U〔m/s〕で平行に動かすために必要な力（せん断力）を F〔N〕とすると，せん断応力 τ〔Pa〕は次式のように表される。せん断応力とはせん断力を面積で割った応力であり，壁面上では面と平行に作用する摩擦応力のことでもある。

$$\tau = \mu \frac{U}{H} \quad 〔\text{Pa}〕 \tag{1.5}$$

式 (1.5) より，粘度 μ が大きい流体で，平板間隔 H が小さく，一方の平板を速い速度 U で動かすほど，これに要する抵抗 τ を大きく感じられることがわかる。このような流体がせん断応力を受けるときに，これに抵抗する性質を**粘性**（viscosity）という。式 (1.5) の比例定数である粘度 μ〔Pa·s〕は，流体の種類，温度，圧力により変化する物性値である。式 (1.5) より粘度がゼロもしくは無視できる流体ではせん断応力もゼロとみなせて粘性がないといえる。このような流体を**非粘性流体**（inviscid fluid）といい，粘度がゼロでない流体を**粘性流体**（viscous fluid）という。

1. 流体の性質

式 (1.5) のせん断応力 τ は流体がせん断変形した際に流体に働いたせん断応力であり，これは一般には次式のようになることが知られている．

$$\tau = \mu \frac{du}{dy} \ [\text{Pa}] \tag{1.6}$$

ここで，u は流れ方向の流速であり，y は速度 u が変化する方向の距離である．du/dy は速度勾配と呼ばれる流体のせん断変形の速度に関わる物理量である．式 (1.6) は，流体に働くせん断応力は粘度と速度勾配に比例するという関係であり，これを**ニュートンの粘性法則**（Newton's law of friction）という．この場合の物体表面付近の流れは，図 1.10 に示すような速度勾配のある速度分布になる．

実際には，身の回りの流体には空気や水のようにこの法則が成立する流体とそうでない流体がある．ニュートンの法則が成り立つ流体を**ニュートン流体**（Newtonean fluid）といい，成り立たない流体を**非ニュートン流体**（non-Newtonean fluid）という．**図 1.11** に，流動曲線と呼ばれるせん断応力と速度勾配の関係を示す．ニュートン流体では原点を通る直線で示され，直線の傾きが粘度となる．それ以外の曲線は非ニュートン流体であるが，それらの例を以

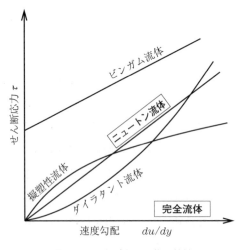

図 1.11 さまざまな流体の粘性

1.3 流体の物性，圧縮性，表面張力

下に述べる。ビンガム流体は，速度勾配が小さくゼロとみなせる場合でもせん断応力が働く流体であり，粘土や生クリーム，軟膏がこれに属する。擬塑性流体は，速度勾配がゼロのときにはせん断応力がゼロであるが，速度勾配が小さいときには粘度が大きく，速度勾配が大きくなるにつれて粘度が小さくなるという性質を持つ。生卵，うなぎのぬめり，血液，高分子溶液などがこれに属する。ダイラタント流体はこれとは逆に速度勾配が大きくなるにつれて粘度も大きくなる性質を持つ。水と片栗粉を混ぜたものなどがこれに属する。

粘度はせん断応力に大きく影響を与え，せん断応力が場所によって変わると流体は加速される。このときの加速度はせん断応力を密度で割った値によるので，流体の運動を考えると，粘度 μ [Pa·s] を密度 ρ [kg/m³] で割った値が重要となる。これを**動粘度** (kinematic viscosity)，あるいは**動粘性係数**と呼び，粘度とは次式の関係になる。

$$\nu = \frac{\mu}{\rho} \quad [\text{m}^2/\text{s}] \tag{1.7}$$

単位は [m²/s] である。CGS 単位系では 1 cm²/s を 1 St（ストークス）と呼び，このように表されることもある。その 1/100 を 1 cSt（センチストークス）という。実際にはシリコンオイルなどで 50 CS（センチストークス）や 100 CS などのように表記されて販売されている例がある。

$$1\,\text{St} = 1 \times 10^{-4}\,\text{m}^2/\text{s}, \quad 1\,\text{cSt} = 1 \times 10^{-6}\,\text{m}^2/\text{s}$$

よく使われる水と空気の 1 気圧における粘度および動粘度を**表 1.3** に示す。

表 1.3 水と空気の 1 気圧（標準大気圧）における粘度および動粘度[6]

温度 T [℃]	水 粘度 μ [Pa·s]	水 動粘度 ν [m²/s]	空気 粘度 μ [Pa·s]	空気 動粘度 ν [m²/s]
0	179.2×10^{-5}	1.792×10^{-6}	1.724×10^{-5}	13.33×10^{-6}
10	130.7×10^{-5}	1.307×10^{-6}	1.773×10^{-5}	14.21×10^{-6}
20	100.2×10^{-5}	1.004×10^{-6}	1.822×10^{-5}	15.12×10^{-6}
30	79.7×10^{-5}	0.801×10^{-6}	1.869×10^{-5}	16.04×10^{-6}
40	65.3×10^{-5}	0.658×10^{-6}	1.915×10^{-5}	16.98×10^{-6}

1.3.3 圧　縮　性

流体は温度と圧力により膨張あるいは収縮するので，流体の密度と比重が変わる。気体を加圧すると体積が収縮するが，液体でもわずかではあるが同様に収縮する。このような流体の体積変化をする性質を**圧縮性**（compressibility）という。この圧縮性は，単位圧力当りの流体の体積変化率で定義される圧縮率により評価することができる。**図 1.12** のように，体積 V で圧力が p の流体を Δp だけ加圧し，体積が ΔV だけ変化することを考えると，圧縮率 β は式 (1.8) のように表される。圧縮率が大きいほど流体は圧縮されやすい。

$$\beta = \frac{\Delta V / V}{\Delta p} = -\frac{1}{V}\frac{dV}{dp} \quad [\text{Pa}^{-1}] \tag{1.8}$$

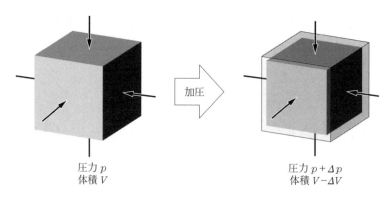

図 1.12　流体の圧縮

一方で，流体の密度 ρ と体積 V の積である質量は一定なので，式 (1.8) は

$$-\frac{1}{V}\frac{dV}{dp} = \frac{1}{\rho}\frac{d\rho}{dp} \quad [\text{Pa}^{-1}] \tag{1.9}$$

となる。これは密度 ρ の変化に対して体積 V の変化は符号が変わることを意味し，流体の体積が膨張すると流体の密度は小さくなることに対応する。また，Δp は流体の体積変化率（体積ひずみ）$\Delta V/V$ に比例するので，固体の弾性係数の定義と同様に式 (1.10) および式 (1.11) のように比例定数 K が定義され，これを**体積弾性係数**（bulk modulus of elasticity）という。

1.3 流体の物性，圧縮性，表面張力

$$\Delta p = K \frac{\Delta V}{V} \ \mathrm{[Pa]} \tag{1.10}$$

これを整理すると

$$K = -V \frac{dp}{dV} = \frac{1}{\beta} \ \mathrm{[Pa]} \tag{1.11}$$

となり，圧縮率 β の逆数になる。体積弾性係数は，気体や液体の体積変化のばね定数に相当するものである。K が大きいほど体積変化がしにくく，一般に気体に比べて液体の K は大きい。代表的な水と空気の体積弾性係数を**表 1.4**に示す。これより，空気は水の約 10 000 倍も体積変化しやすいことがわかる。

表 1.4 水と空気の体積弾性係数[6]

流体の種類	体積弾性係数 K 〔Pa〕
水（20 ℃）	2.2×10^9
空気（20 ℃，断熱変化を仮定）	1.4×10^5

体積弾性係数 K 〔Pa〕と流体中を音波が伝わる速度である音速 a 〔m/s〕は密接に関係し，以下のように表すことができる。

$$a = \sqrt{\frac{K}{\rho}} = \sqrt{\frac{dp}{d\rho}} \ \mathrm{[m/s]} \tag{1.12}$$

音速は体積弾性係数の 1/2 乗に比例し，圧縮しにくい液体中での音速は気体中の音速より速い。

体積弾性係数，圧縮率は流体そのものの圧縮性を表すが，流れに対する圧縮性の影響は**マッハ数**（Mach number）と呼ばれる無次元数で整理することができる。マッハ数 M 〔-〕は音速 a 〔m/s〕に対する流れの代表速度 U 〔m/s〕の比により表される。

$$M = \frac{U}{a} \ \mathrm{[-]} \tag{1.13}$$

圧縮性に着目すると，圧縮性の影響を考慮する必要があるか否かで，前者を圧縮性流体，後者を非圧縮性流体と呼んで区別する。圧縮性の程度はマッハ数のみによって定まるが，ここで $M^2 < 0.1$ の範囲を近似的に非圧縮性として扱うと $M < 0.3$ の範囲，すなわち，マッハ数が 0.3 程度より小さい流れでは圧縮

性の影響は小さく，非圧縮性流体とみなし，0.3 程度より大きい流れでは圧縮性流体として扱うことができる。また，マッハ数が 1 より小さい流れは亜音速流れと呼ばれ，1 より大きい流れは超音速流れと呼ばれる。超音速流れでは衝撃波が発生する。以上のように，圧縮性の影響は，体積弾性係数，あるいは圧縮率によって決まるのではなく，同じ流体であっても流速によって異なる。

例題 1.5

式 (1.12) を変形して音速 a [m/s] が温度 T の関数となるように表せ。

解答

理想気体で圧力の変化が断熱的に変化すると仮定すると，比熱比 κ を用いて

$$\frac{p}{\rho^\kappa} = C \quad (C は定数)$$

であるので，これを変形して両辺を微分すると次式のようになる。

$$dp = C\kappa\rho^{\kappa-1}d\rho = \kappa \frac{C\rho^\kappa}{\rho} d\rho = \kappa \frac{p}{\rho} d\rho$$

$$\therefore \frac{dp}{d\rho} = \kappa \frac{p}{\rho}$$

上式と気体の状態方程式 $p = \rho RT$ を式 (1.12) に代入して

$$a = \sqrt{\frac{dp}{d\rho}} = \sqrt{\kappa RT} \quad [\text{m/s}] \tag{1.14}$$

となる。T は絶対温度 [K] であることに注意する。

代表的な気体の物性値を**表 1.5** に示す。

表 1.5 気体の物性値 (20 ℃)[3]

流体の種類	気体定数 R [J/kgK]	比熱比 κ [-]	音速 a [m/s]
空　気	287.1	1.402	343
ヘリウム He	2 077	1.667	1 007
酸素 O_2	259.8	1.397	326
二酸化炭素 CO_2	188.9	1.304	261

1.3.4 表面張力

　液体と気体が接する界面は，液体の分子ができるだけ表面を小さくするようにバランスするために液体表面はつねに縮もうとする力，すなわちゴムの膜を張ったような張力が液体の表面に沿って働いている。このような流体の界面に働く張力を**表面張力**（surface tension），あるいは**界面張力**といい，σ〔N/m〕で表す。表面張力の大きさは**表 1.6**のように，接する流体によって変化する。

表 1.6　おもな液体の表面張力（20 ℃）[6]

液　体	接する流体	表面張力〔N/m〕
水	空　気	0.0728
水　銀	空　気	0.476
水　銀	水	0.373
メチルアルコール	空　気	0.023

　外力の作用がほとんど働かずに液体と気体の界面の各部分が表面張力によって引っ張り合うと，表面積が最も小さくなるように変形し，結果として球体になる。水滴が水玉になるのはこのためである。落下中の液滴は，**図 1.13**のように空気抵抗により球形がひずむ。

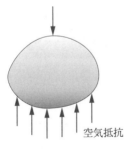
図 1.13　落下中の液滴

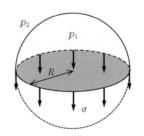
図 1.14　球形液滴に働く表面張力

　図 1.14のように，半径 R〔m〕の液滴で，液滴の内外の圧力をそれぞれ p_1，p_2〔Pa〕とすると，その圧力差 Δp〔Pa〕は，表面張力 σ〔N/m〕と次式のような関係がある。これより，球体が小さいほど圧力差 Δp は大きくなることがわかる。

$$p_1 - p_2 = \Delta p = \frac{2\sigma}{R} \quad [\text{Pa}] \tag{1.15}$$

例題 1.6

液滴内外の圧力と表面張力について力の釣合いを考え，式 (1.15) を導け。

解答

球の中心を通る平面内における力の釣合いより，次式が得られる。

$$(p_1 - p_2)\pi R^2 = \sigma \, 2\pi R$$

$$\therefore \Delta p = \frac{2\sigma}{R}$$

購入したばかりだと傘の表面の雨滴は球体に近く，老朽化すると表面のコーティングが剥がれ，大部分に水が付着して残るようになる。これは固体壁の親水性によるもので，定量的には図 1.15 のように液滴と固体壁の接触角 θ_c [°] の大きさにより評価できる。

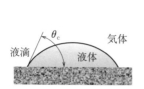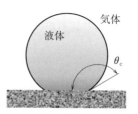

図 1.15　固体壁面上の液滴

水中に細いガラス管を立てると，ガラス管の中の水が図 1.16 のように上昇し，その水面は下に凸の形状になる。これはガラス管の内壁に付着した水が表面張力により水面を鉛直上方に引張られ，管内の水柱に重力が作用して鉛直下方に引き下げることの釣合いにより観察される現象であり，毛管現象と呼ばれる。ガラス管内壁と液面の接触角 θ [°] は，液体が水やアルコールで常温の場合，$\theta \fallingdotseq 0°$，水銀の場合，$\theta = 130 \sim 150°$ である。管内壁と液体の濡れ性がよい場合には，液体は管内を上昇し，濡れ性が悪い場合には逆に降下する。

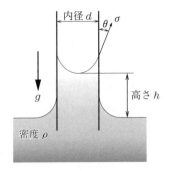

図 1.16 毛管現象

例題 1.7

図 1.16 に示す水中に内径 d のガラス管を挿入したとき，上昇する液体の高さ h を表せ。

解答

高さ h の水柱部分に働く重力は

$$\rho g h \times \frac{\pi}{4} d^2$$

となる。この水柱部分に働く表面張力による力は

$$\sigma \cos\theta \times \pi d$$

となる。これらが釣り合うので，上昇する液体の高さ h は以下のように表せる。

$$\frac{\pi}{4} d^2 \rho g h = \pi d \sigma \cos\theta$$

$$\therefore h = \frac{4\sigma \cos\theta}{\rho g d} \text{ [m]} \tag{1.16}$$

1.4 本書で扱う「流体力学」の範囲

本書では，非常に多くの分野を含む流体力学の中で初学者に重要な分野に焦点を絞って執筆されており，非粘性流体はほとんど扱わず，圧縮性流れについても他の専門書にその説明を譲っている。そこで，第 2 章以降では，粘性流体

と非粘性流体，ニュートン流体，非圧縮性流体を対象とすることを前提としており，特に断りのない限り，これらの流体に適用可能な理論のみを扱う。

粘性および圧縮性のない（あるいは無視できる）流体を**理想流体**（ideal fluid）といい，実在する，粘性のある非圧縮性流体と比べると矛盾する点もある。空間中に一様な流速で流入（**一様流**（uniform flow）という）してくる物体表面近くの流れについてこれらを比較すると図 **1.17** のように流速分布が異なる。

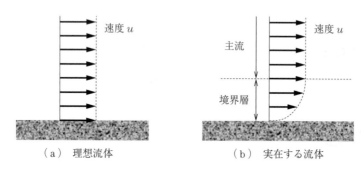

図 **1.17** 物体表面近くの流れ

理想流体では粘性によるせん断応力が生じないため，物体表面上でも流れ方向の流速は物体壁面から離れた一様流のそれと同一となるが，実在する流体では粘性により物体表面上で流れ方向の流速がゼロになり，境界層と呼ばれる流速の遅い領域が見られる。境界層から離れた一様流の領域は主流と呼ばれる。理想流体は上記のように実在する流体とは異なるものの，粘性の影響が小さい場合には有用であり，自動車の車体周りの広範囲な流速の分布や空気抵抗の大半は非粘性流体の理論により解決がなされている。流体力学では，空間中の座標と流速の表示を特に断りなく以下に示すよう表記が用いられ，本書でもそれを前提とする。

・空間中の座標（x 方向，y 方向，z 方向）：x, y, z または x_1, x_2, x_3
・流速（x 方向，y 方向，z 方向）[†]：u, v, w または u_1, u_2, u_3

[†] 流速 v と動粘性係数 ν は見間違えやすいので注意を要する。

・一様流の流速：U または U_0

　本書で扱う内容は，膨大な流体力学の分野から重要かつ実用的なものに焦点を当てて初学者が修得しやすいように配慮している．本書でこれ以降に扱う内容だけでは実際には不十分なことも多々あると思われ，辞書や事典のようにすべてのことが載っているわけではないが，それらの礎となるようなものが記述されているので，是非身近な流体力学の現象をイメージしながら一通り読み進めていただきたい．

演習問題

〔1.1〕　水銀の比重 s が 13.600 であるとき，水銀の密度 ρ〔kg/m^3〕を求めよ．

〔1.2〕　クエット流れで上側の平板を速度 $U = 5.0$ m/s で動かす場合に，流体が 20℃の空気の場合と水の場合とでせん断応力 τ〔Pa〕の大きさを比較せよ．ただし，平板間距離は $H = 100$ mm とする．

〔1.3〕　体積 1.0 L での質量が 0.900 kg の油がある．これを 2 枚の平行平板間に満たし，一方の平板を速度 0.500 m/s で平行に移動させたところ，0.500 kgf の力が必要であった．平板間距離を 10.0 mm とし，平板 1 枚の面積が 1.00 m^2 であるとして，油の粘度と動粘度を求めよ．

〔1.4〕　ある可変の容器の中に流体が満たされている．この流体の圧力と体積はそれぞれ，1 MPa，1×10^{-3} m^3 であった．この流体の圧力を 2 MPa に上げると，流体の体積が 5×10^{-6} m^3 だけ縮んだ．このときの流体の体積弾性係数 K を求めよ．

〔1.5〕　20℃の水と空気について，それぞれの音速〔m/s〕を求めよ．

〔1.6〕　-50.0℃の空気と 20.0℃の空気について，音速の大きさを比較せよ．

〔1.7〕　直径 $d = 2.0$ mm の水滴について，表面張力が $\sigma = 0.0728$ N/m の場合に液滴内外の圧力差 Δp〔Pa〕はどれぐらいかを求めよ．

〔1.8〕　水中に直径 $d = 2.0$ mm のガラス管を挿入したとき，上昇する水の高さ h〔mm〕を求めよ．ただし，水の密度は $\rho_w = 998.2$ kg/m^3，表面張力は $\sigma = 0.0728$ N/m，接触角は $\theta = 60.0°$ とする．

2章 静止流体の力学

◆本章のテーマ
　高校の物理学（力学）でも機械力学でも，初めは運動していない静止状態の力学（静力学）から始めたであろう．流体力学も同様に，まずは流体が流動していない静止している状態から学び始めるとわかりやすいだろう．静止している流体では，速度差が生じないのでせん断応力は生じず，仮想面には圧力だけが作用する．本章では，この圧力の基本的性質，表示方法，圧力計の原理，静止流体の力学として壁面に働く流体力，浮力，浮揚体の安定性を学び，流体力学の第一歩として静的な力学から始めるとしよう．

◆本章の構成（キーワード）
2.1　圧力の性質
　　　圧力の等方性，パスカルの原理
2.2　圧力の単位と表示方法
　　　絶対圧力，ゲージ圧力
2.3　静止流体中の圧力
　　　ヘッド（水頭）
2.4　圧力計
　　　マノメータ，示差マノメータ，傾斜マノメータ
2.5　壁面に働く流体力
　　　全圧力，圧力中心
2.6　浮力と浮揚体の安定性
　　　浮力，アルキメデスの原理，浮揚体，メタセンタ，静安定
2.7　容器とともに運動する液体中の圧力
　　　相対的静止状態，等圧面

◆本章を学ぶと以下の内容をマスターできます
- 圧力の等方性とパスカルの原理
- 圧力の表示方法と単位
- 静止している流体の圧力の算出
- 圧力の測定原理と圧力計の種類
- 壁面に作用する静止流体力とその作用点
- 浮力の算出と浮揚体の安定性

2.1 圧力の性質

流体中の任意の点に微小面積要素 ΔA を仮定し，この微小面積要素に働く力を考えよう．流体が静止しているとき，この微小面積要素には図 **2.1** のように面に垂直な力 ΔF_N だけが作用する．

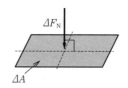

図 2.1 面に垂直に作用する流体力

面積 ΔA を極限まで小さくしたものをこの点おける**圧力**（pressure）と呼び，流体を圧縮させる向きを正とする．

$$p = \lim_{\Delta A \to 0} \frac{\Delta F_\mathrm{N}}{\Delta A} \tag{2.1}$$

圧力の重要な基本的性質として

① 圧力は面に対して垂直に作用する．

② 圧力はあらゆる方向に同じ値をとる（**圧力の等方性**）．

がある．圧力の等方性は，「密閉された容器内の静止流体の一部に圧力を加えると，その圧力は容器内の流体全体に伝わる」という**パスカルの原理**（Pascal's law）と同じことを意味する．

例題 2.1

図 **2.2** に示す静止流体中の微小三角柱要素に働く力から圧力が等方的であることを証明せよ．

解答

微小三角柱要素には重力と各面に作用する圧力による力が働く．流体が静止していればこれらの力は釣り合っている．したがって，y，z 軸方向の力の釣合い式は

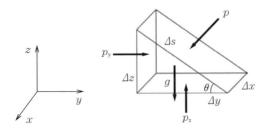

図 2.2 三角柱要素に作用する圧力

y 軸方向： $p_y \Delta x \Delta z - (p \Delta x \Delta s) \sin \theta = 0$

z 軸方向： $p_z \Delta x \Delta y - (p \Delta x \Delta s) \cos \theta - \rho g \dfrac{1}{2} \Delta x \Delta y \Delta z = 0$

となる。ここで，$\Delta s \sin \theta = \Delta z$ および $\Delta s \cos \theta = \Delta y$ であることを考慮すると，釣合い式は

y 軸方向： $p_y \Delta x \Delta z - p \Delta x \Delta z = 0 \quad \therefore \quad p_y = p$

z 軸方向： $p_z \Delta x \Delta y - p \Delta x \Delta y - \rho g \dfrac{1}{2} \Delta x \Delta y \Delta z = 0 \quad \therefore \quad p_z - p - \rho g \dfrac{1}{2} \Delta z = 0$

となる。ここで，微小三角柱要素を極限まで小さくした ($\Delta z \to 0$) 点に収束させると

$p_y = p_z = p$

の関係が導かれる。微小三角柱は任意の向きにとることができるため，x 軸方向に斜面を持つ 90° 回転させた場合も考慮すると

$$p_x = p_y = p_z = p \tag{2.2}$$

と圧力が等方的であることが示せる。

例題 2.2

図 2.3 のようにピストン断面積 A_1, A_2 がそれぞれ $A_1 = 2 \times 10^{-3}\,\mathrm{m}^2$, $A_2 = 0.5\,\mathrm{m}^2$ の大小二つのピストンからなる油圧機器がある。小さいほうのピストンに $F_1 = 10\,\mathrm{N}$ の力を加えたとき，大きいほうのピストンで支えることができる荷重 F_2 を求めよ。

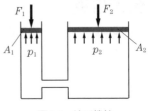

図 2.3 油圧機械

解答

パスカルの原理より

$$p_1 = p_2, \quad \frac{F_1}{A_1} = \frac{F_2}{A_2}$$

$$F_2 = \frac{A_2}{A_1} F_1 = \frac{0.5}{2 \times 10^{-3}} \times 10 = 2.5 \text{ kN}$$

と断面積の大きなピストンは 2.5 kN もの荷重を支えることができる。このように油圧機器はシリンダの面積比 A_2/A_1 分だけ力を増幅することができる。

2.2 圧力の単位と表示方法

圧力の表し方には，基準（ゼロ）の取り方により2種類の方法がある．一つは完全な真空状態（**完全真空**（perfect vacuum））を基準とした**絶対圧力**（absolute pressure）と呼ぶ表し方，もう一つは大気の圧力（大気圧）を基準とした**ゲージ圧力**（gauge pressure）と呼ぶ表し方である．絶対圧力を p_abs，大気圧を p_0，ゲージ圧力を p_gauge とすると，つぎのように表される．

$$p_\text{gauge} = p_\text{abs} - p_0 \tag{2.3}$$

温度の表し方に分子運動が停止する温度を基準とした絶対温度と，生活上扱いやすい氷の融点を基準としたセルシウス温度があるように，分子が一つもない完全真空を基準にするより，私たちが生活する大気圧下では大気圧との差で表すゲージ圧力のほうが扱いやすいことも多い．血圧は大気圧を基準にしたゲージ圧力で表示されている．毎日の天気図からもわかるように大気圧は場所や時期により変動するもので，標準大気の大気圧を**標準大気圧**（standard atmospheric pressure）と呼ぶ．標準大気圧は 101.3 kPa（= 1 013 hPa）であり，圧力を表す単位としてこの標準大気圧を1とした1 atm（1気圧）の単位も使われる．**図 2.4** に絶対圧力とゲージ圧力の関係を示す．ゲージ圧力は大気圧を基準として表すことから，大気圧より低い場合は負の値をとる．この負のゲージ圧力を**負圧**（negative pressure）または**真空ゲージ圧力**（vacuum

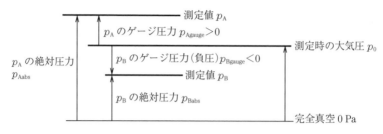

図 2.4　絶対圧力とゲージ圧力の関係

gauge pressure）と呼ぶ。

例題 2.3

大気圧が 101.0 kPa のとき，絶対圧力で表すと 110.0 kPa の圧力をゲージ圧力で表しなさい。また，同大気圧下で − 30 kPa のゲージ圧力を絶対圧力で表しなさい。

解答

式 (2.3) より，絶対圧力 110.0 kPa をゲージ圧力で表すと

$$p_{gauge} = p_{abs} - p_0 = 110.0 \times 10^3 - 101.0 \times 10^3 = 9 \text{ kPa}$$

また，− 30 kPa のゲージ圧力を絶対圧力で表すと

$$p_{abs} = p_{gauge} + p_0 = -30 \times 10^3 + 101.0 \times 10^3 = 71 \text{ kPa}$$

となる。

2.3　静止流体中の圧力

図 2.5 のように静止した液体の入った容器内に円柱要素を仮定し，任意の深さ h における圧力を考える。流体は静止しているので，円柱要素を固体としてイメージしてもらうと理解しやすいであろう。

円柱要素の断面積を A とすると円柱要素に働く重力による力は $(\rho A h)g$ である。円柱要素の底面にはこの重力による力が作用することから，単位面積当りの力である応力（＝圧力）で表すと

$$p = \frac{(\rho A h)g}{A} = \rho g h$$

だけ圧力が液面上の圧力よりも高くなる。液面には大気圧 p_0 が作用するため，液面から任意の深さ h における圧力は絶対圧力で示すと次式のように表せる。

$$p = p_0 + \rho g h \tag{2.4}$$

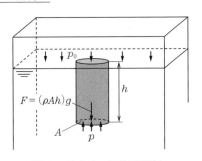

図 2.5 流体中の円筒形要素に作用する力

もちろん，式 (2.4) から大気圧 p_0 を差し引くとゲージ圧力となる。液面から任意の点の深さ h は言い換えると液面までの高さである。この液面までの高さ h をヘッド (head) と呼ぶ。

例題 2.4

図 2.6 のように密度 $\rho = 13\,600\,\mathrm{kg/m^3}$ 水銀で満たされたガラス管を水銀の入っている容器に逆さまにして鉛直に立てたとき，ガラス管内の水銀柱の高さが 760 mm となった。大気圧 p_0 を求めよ。ただし，ガラス管内の空洞部の圧力は 0 Pa（完全真空）とする。また，液体を密度 $\rho = 1\,000\,\mathrm{kg/m^3}$ の水に変えた場合の水柱高さを求めよ。

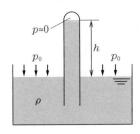

図 2.6 トリチェリの実験

解答

容器内の水銀は大気に接していることから，容器底における圧力は，容器内の水銀の高さを h' とすると式 (2.4) より

$$p = p_0 + \rho g h'$$

となる。一方，ガラス管に沿って容器底の圧力を求めると

$$p = 0 + \rho g (h + h')$$

となる。両者はどちらも容器底における圧力であるため等しく、大気圧は

$$p_0 + \rho g h' = 0 + \rho g (h + h')$$
$$p_0 = \rho g h = 13\,600 \times 9.807 \times 0.760 = 101.4\,\text{kPa}$$

と求まる。

液体が密度 $1\,000\,\text{kg/m}^3$ の水の場合の水柱高さを求めると

$$p_0 = \rho g h$$
$$h = \frac{p_0}{\rho g} = \frac{101.4 \times 10^3}{1\,000 \times 9.807} = 10.34\,\text{m}$$

となる。

この水銀柱高さと大気圧の関係はトリチェリ（Torricelli）によって行われた大気の圧力を測る実験として知られている。

2.4 圧力計

2.4.1 マノメータ

圧力は式 (2.4) のように液面までの高さ（液柱高さ）に比例する。この性質を用いて液柱高さから流体の圧力を測定する計測器を**マノメータ**（manometer）という。

〔1〕 **ピエゾメータ**　最も簡単なマノメータは、図 2.7 のように鉛直に立てた管を用いて圧力を測定するマノメータで、ピエゾメータと呼ぶ。測定したい点 A の圧力は、液柱高さ h を読み取ることにより、式 (2.4) から

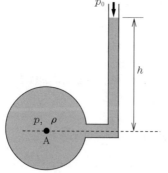

図 2.7　ピエゾメータ

$$p = p_0 + \rho gh$$

と求めることができる。

例題 2.5

図 2.7 のように円管内を流れている密度 $\rho = 1\,000\,\mathrm{kg/m^3}$ の水の圧力をピエゾメータで測定したところ,液面が点 A より 150 mm 高い位置で止まった。円管内の圧力 p を求めよ。ただし,大気圧 p_0 は 101.3 kPa とする。

解答

式 (2.4) より,点 A の圧力は
$$p = \rho gh + p_0 = 1\,000 \times 9.807 \times 0.15 + 101.3 \times 10^3 = 103\,\mathrm{kPa}$$
ゲージ圧力で表すと
$$p = \rho gh = 1\,000 \times 9.807 \times 0.15 = 1.47\,\mathrm{kPa}$$

---

〔2〕 **U字管マノメータ** ピエゾメータは圧力を測りたい流体が気体の場合や圧力が高すぎる場合,大気圧より低い場合には使えない。このような場合,**図 2.8** のように U 字形の管を利用し,その内部に測定したい流体より密度の大きい液体を入れたマノメータを用いる。これを U 字管マノメータと呼ぶ。式 (2.4) を用いて開放端(点 E)から順に圧力を計算する。

点 E:$p_\mathrm{E} = p_0$

点 D:$p_\mathrm{D} = p_\mathrm{E} + \rho_2 gh_2 = p_0 + \rho_2 gh_2$

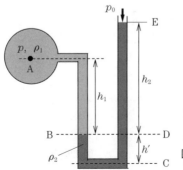

図 2.8 U 字管マノメータ

点C：$p_C = p_D + \rho_2 gh' = p_0 + \rho_2 gh_2 + \rho_2 gh'$
点B：$p_B = p_C - \rho_2 gh' = p_0 + \rho_2 gh_2 + \rho_2 gh' - \rho_2 gh' = p_D$
点A：$p_A = p_B - \rho_1 gh_1 = p_0 + \rho_2 gh_2 + \rho_2 gh' - \rho_2 gh' - \rho_1 gh_1$
$\qquad = p_0 + \rho_2 gh_2 - \rho_1 gh_1$

測定したい圧力 p_A は

$p_A = p_0 + \rho_2 gh_2 - \rho_1 gh_1$

と求まる。ここで，点Bと点Dの圧力を比較すると同一であることがわかる。このように同じ流体中の同一高さでの流体の圧力は等しくなる。

〔3〕 **示差マノメータ**　2点間の圧力差をU字管内の液面高さの差から測定するマノメータを示差マノメータと呼ぶ（測定対象の流体の密度の方が大きい場合は逆U字形の管を用いる）。**図2.9**に示すように密度 ρ の流体が入ったU字管マノメータを利用して点Aと点Bの圧力差を求める。前項のU字管マノメータと同様に管路に沿って圧力を順次計算可能であるが，せっかくなので「同じ流体中の同一高さでの流体の圧力は等しくなる」という関係を用いて計算する。点Aと点Bの圧力差は

$p_C = p_D$
$p_A + \rho_1 gh_1 = p_B + \rho_2 gh_2 + \rho gh$
$p_A - p_B = \rho gh + \rho_2 gh_2 - \rho_1 gh_1$

となる。U字管内の流体の密度 ρ が測定対象の流体の密度 ρ_1，ρ_2 に比べ十分

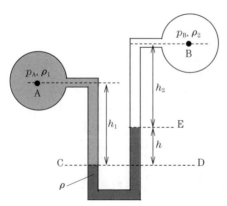

図2.9　示差マノメータ

2.4 圧　力　計

大きな場合（測定対象の流体が気体の場合など）は $\rho gh \gg (\rho_2 gh_2 - \rho_1 gh_1) \approx 0$ と扱うことができ

$$p_A - p_B \approx \rho gh \tag{2.5}$$

と2点間の圧力差をU字管内の液面差 h から求めることができる。示差マノメータは最もよく使われる（U字管マノメータの利用としても）のでこの式 (2.5) を覚えておくと便利であろう。

〔4〕**傾斜マノメータ**　微小な圧力差では図 2.8 のU字管内の液面差 h が0に近く，h を測定することが難しい。微小な圧力差の測定には，管を傾斜させることで読み取り長さを長くする工夫が施された傾斜マノメータが用いられる。図 2.10 のように，点Aの圧力が Δp だけ増加した場合を考える。このとき，タンクの液面は h_1 だけ下がり，傾斜管の液面は h_2 だけ上昇する。傾斜マノメータではタンクの断面積を傾斜管の断面積に比べ十分大きくとる工夫がされており，タンクの液面の降下量 h_1 は無視できるほど小さく

$$\Delta p = \rho gh_2 = \rho gl \sin \theta \tag{2.6}$$

と近似できる。この式 (2.6) が示すように傾斜管を液体が上昇する高さ h_2 を傾斜管に沿った長さ l（三角形の斜辺）で表すことにより，読み取り長さを長くとることができる。図 2.11 のように θ が小さいほど l は長く取れ，圧力に

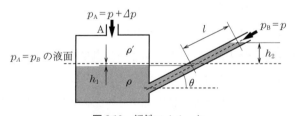

図 2.10　傾斜マノメータ

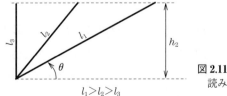

図 2.11　傾斜管の傾きと読み取り長さの関係

対する感度が良くなる.

例題 2.6

図 2.10 の傾斜マノメータで微小圧力差 $\Delta p = p_A - p_B$ を測りたい. $\Delta p = 50$ Pa であるとき, 傾斜管の傾き θ が 90°のマノメータと 5°のマノメータを使ったときの傾斜管内を上昇する液体の長さ l を求めよ. ただし, タンクの断面積は傾斜管の断面積に比べ十分大きく, 式 (2.6) が適用できるものとする.

解答

式 (2.6) より, 傾斜管の傾きが 90°のマノメータを使ったときは

$$l_{90°} = \frac{\Delta p}{\rho g \sin\theta} = \frac{50}{1\,000 \times 9.807 \times \sin 90°} = 5.10 \text{ mm}$$

となる. 一方, 傾斜管の傾きが 5°のマノメータを使ったときは

$$l_{5°} = \frac{\Delta p}{\rho g \sin\theta} = \frac{50}{1\,000 \times 9.807 \times \sin 5°} = 58.5 \text{ mm}$$

となり, 読取り長さは約 10 倍になる.

2.4.2 他の圧力計

マノメータは簡単な構造で製作しやすいが, 液体を入れた管を設置しなくてはならず, 工業的に利用するには不便である. このため, 工業的にはブルドン管圧力計やダイヤフラム式圧力計がよく利用されている.

〔1〕 **ブルドン管圧力計**　ブルドン管圧力計は図 2.12 に示すような C 形の金属パイプがおもに使われており, このパイプ内部に圧力が加えられるとパイプが変形し, 管先が変位する. 管先にリンクされた拡大機構により管先の変位に比例して指針を回転させる構造になっている. アナログの圧力計として広く利用されている.

〔2〕 **ダイヤフラム式圧力計**　ダイヤフラム式圧力計は, 図 2.13 のように薄い隔膜（ダイヤフラム）が圧力差に応じて変形することを利用した圧力計である. ダイヤフラムの変形量は微小なため直接計測することは困難で, 変形

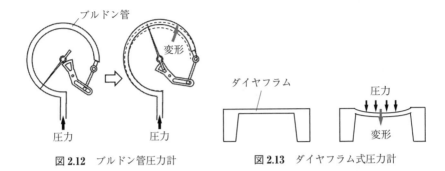

図 2.12 ブルドン管圧力計　　図 2.13 ダイヤフラム式圧力計

量を電気信号に変換して計測する。変形量の変換方法はダイヤフラムに設けた半導体歪ゲージの抵抗変化から計測する方法と，ダイヤフラムを一つの電極として構成したコンデンサの静電容量の変化から計測する方法がある。

2.5　壁面に働く流体力

2.5.1　壁面に作用する圧力による力

　流体に接している壁面には流体の圧力による力が作用する。この流体の圧力による力を**全圧力**（total pressure force）と呼ぶ。図 2.14 のように流体中の圧力 p は式 (2.4) に示したように液面からの深さに比例して増加するため，流体による力も深さに応じて変化する。密度 ρ の流体で満たされている容器の壁面に作用する圧力による力を求めてみよう。液面から任意の深さ y の位置にお

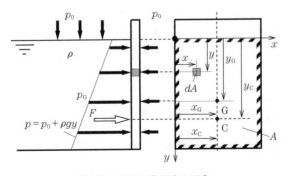

図 2.14　壁面に作用する圧力

ける圧力 p は

$$p = p_0 + \rho g y$$

である。この深さ y の位置における壁面の微小面積要素 dA に作用する圧力による力 dF は

$$dF = pdA - p_0 dA = \rho g y dA$$

となる。この微小面積要素に働く圧力による力を流体に接している壁面全体に対して総和をとる，すなわち積分すれば流体の圧力による力（全圧力）F が

$$F = \int_A dF = \int_A \rho g y dA = \rho g \int_A y dA$$

と求められる。ここで，液面（$y=0$）から図心までの距離を y_G とすると図心の定義より

$$y_G A = \int_A y dA$$

であるので

$$F = \rho g \int_A y dA = \rho g y_G A = p_G A \tag{2.7}$$

と圧力による力（全圧力）は図心 y_G におけるゲージ圧力 $p_G = \rho g y_G$ と流体に接している壁面の面積 A の積に等しくなる。

2.5.2 圧力による力の作用点

重力による力の作用点を重心と呼ぶように，壁面に作用する圧力による力（全圧力）の作用点を**圧力中心**（center of pressure）と呼ぶ。圧力中心も重心同様に，全圧力として表した集中力がもたらすモーメントが，個々の微小面積に作用する圧力による力のモーメントの総和と等しくなるような全圧力の作用点を圧力中心と呼ぶ。図 2.14 のように液面に x 軸を設け，x 軸まわりのモーメントを考えると

$$y_C F = \int_A y dF = \int_A y \cdot \rho g y dA = \rho g \int_A y^2 dA = \rho g I_x$$

の関係が成り立つ点 y_C が圧力中心となる。ここで，$I_x = \int_A y^2 dA$ を x 軸まわりの断面 2 次モーメントと呼ぶ。この I_x は平行軸の定理によって図心 G を通

る x 軸に平行な軸まわりの断面2次モーメント I_{xG} と関連付けられる。

$$I_x = I_{xG} + y_G{}^2 A$$

したがって，圧力中心 y_C は

$$y_C F = \rho g I_x = \rho g (I_{xG} + y_G{}^2 A)$$

$$y_C = \frac{\rho g (I_{xG} + y_G{}^2 A)}{F} = \frac{\rho g (I_{xG} + y_G{}^2 A)}{\rho g y_G A} = \frac{I_{xG}}{y_G A} + y_G \quad (2.8)$$

となる。この結果は圧力中心 C が図心 G よりも必ず下方に位置することを表している。一方，圧力中心の x 位置 x_C は対称形の壁面では対称中心に位置するが，非対称な壁面では y 軸まわりのモーメントより圧力中心の x 位置を求める必要がある。同様に y 軸まわりのモーメントを考えると

$$x_C F = \int_A x dF = \int_A x \cdot \rho g y dA = \rho g \int_A xy dA = \rho g I_{xy}$$

の関係が成り立つ点 x_C が圧力中心となる。ここで，$I_{xy} = \int_A xy dA$ を x 軸と y 軸に対する断面相乗モーメントと呼び，図心を通る x 軸と y 軸に平行な軸ま

表2.1 各種図形の特性

四角形	三角形	円
・面積 $A = ab$ ・図心位置 $x_G = \dfrac{a}{2}$, $y_G = \dfrac{b}{2}$ ・断面2次モーメント $I_{xG} = \dfrac{ab^3}{12}$ ・断面相乗モーメント $I_{xyG} = 0$	・面積 $A = \dfrac{ab}{2}$ ・図心位置 $x_G = \dfrac{c+d}{3}$, $y_G = \dfrac{b}{3}$ ・断面2次モーメント $I_{xG} = \dfrac{ab^3}{36}$ ・断面相乗モーメント $I_{xyG} = \dfrac{a(a-2d)b^2}{72}$	・面積 $A = \pi R^2$ ・図心位置 $r = 0$ ・断面2次モーメント $I_{xG} = \dfrac{\pi R^4}{4}$ ・断面相乗モーメント $I_{xyG} = 0$

わりの断面相乗モーメントを I_{xyG} とすると

$$I_{xy} = I_{xyG} + x_G y_G A$$

の関係があるので，圧力中心 x_C は

$$x_C F = \rho g I_{xy} = \rho g (I_{xyG} + x_G y_G A)$$

$$x_C = \frac{\rho g (I_{xyG} + x_G y_G A)}{F} = \frac{\rho g (I_{xyG} + x_G y_G A)}{\rho g y_G A} = \frac{I_{xyG}}{y_G A} + x_G \quad (2.9)$$

となる．各種図形の図心位置，断面2次モーメント，断面相乗モーメントを**表2.1**に示しておくので必要なときに参照されたい．

例題 2.7

傾斜した側面を持つ容器に密度 ρ の液体が入っている．容器の側面に設けられた面積 A の窓に作用する圧力による力と圧力中心を求めよ．ただし，座標を傾斜した側面に沿ってとったとき，窓の図心位置を (x_G, y_G)，図心位置における断面2次モーメントを I_{xG}，断面相乗モーメントを I_{xyG} とする．

解答

液面から任意の深さ h の位置における圧力は

$$p = p_0 + \rho g h$$

である．この深さ h における壁面の微小面積要素 dA に作用する圧力による力は

$$dF = pdA - p_0 dA = \rho g h dA$$

であるため，流体の圧力による力（全圧力）は

$$F = \int_A dF = \int_A \rho g h dA$$

と求められる．ここで，壁面が傾斜しているため**図2.15**より深さ h と壁面に沿った座標 y の関係 $h = y \sin\theta$ を用いると

$$F = \int_A \rho g y \sin\theta dA = \rho g \sin\theta \int_A y dA = \rho g \sin\theta y_G A = \rho g h_G A = p_G A$$

となり，鉛直に設置された壁面に作用する力と同様に，壁面の図心位置の圧力と壁面の面積の積に等しくなる．この力の作用点は

$$x_C F = \int_A x dF = \int_A x \cdot \rho g y \sin\theta \, dA = \rho g \sin\theta \int_A xy dA$$
$$= \rho g \sin\theta \, I_{xy} = \rho g \sin\theta (I_{xyG} + x_G y_G A)$$

2.5 壁面に働く流体力

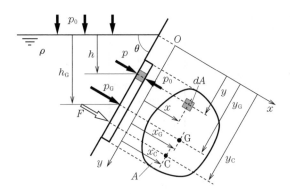

図 2.15 壁面に作用する圧力

$$y_C F = \int_A y dF = \int_A y \cdot \rho g y \sin\theta \, dA = \rho g \sin\theta \int_A y^2 dA$$
$$= \rho g \sin\theta \, I_x = \rho g \sin\theta (I_{xG} + y_G{}^2 A)$$

の関係が成り立つ点であるので，圧力中心は

$$x_C = \frac{\rho g \sin\theta (I_{xyG} + x_G y_G A)}{F} = \frac{\rho g \sin\theta (I_{xyG} + x_G y_G A)}{\rho g \sin\theta \, y_G A} = \frac{I_{xyG}}{y_G A} + x_G$$

$$y_C = \frac{\rho g \sin\theta (I_{xG} + y_G{}^2 A)}{F} = \frac{\rho g \sin\theta (I_{xG} + y_G{}^2 A)}{\rho g \sin\theta \, y_G A} = \frac{I_{xG}}{y_G A} + y_G$$

となり，壁面に沿った座標系で表すと，鉛直に設置された壁面と同じ結果が得られる。

■

2.5.3 曲面に作用する圧力による力

液面から任意の深さ y における微小面積要素 dA に作用する圧力による力は

$$dF = pdA - p_0 dA = \rho g y dA$$

であり，この力の x 軸方向の成分は

$$dF_x = \rho g y dA \cos\theta$$

と表せる。ここで，図 2.16 に示すように $dA\cos\theta$ は dA を x 軸方向に投影した面積 dA_x を表すため，流体の圧力による力（全圧力）の x 軸方向成分は $\rho g y dA_x$ を壁面を x 軸方向へ投影した面積 A_x にわたって積分することによって求まる。

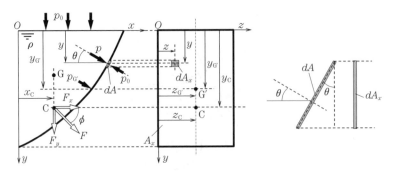

図 2.16 曲面に作用する圧力

$$F_x = \int_A dF_x = \int_A \rho gy \cos\theta dA = \int_{A_x} \rho gy dA_x$$

ここで，モーメントの釣合いより $\int_{A_x} y dA_x$ は x 軸方向に投影した図形の面積 A_x とその図心位置 $y_{G'}$ の積と等しいため，x 軸方向の成分は

$$F_x = \int_{A_x} \rho gy dA_x = \rho g y_{G'} A_x = p_{G'} A_x \tag{2.10}$$

となり，壁面を x 軸方向に投影した図形の面積 A_x とその図心位置 $y_{G'}$ における圧力の積と等しくなる。一方，流体による力の y 軸方向成分は流体に働く重力による力と考えることができ，壁面の上側に存在する流体の体積を V とすると

$$F_y = \rho V g \tag{2.11}$$

と表せる。壁面に作用する流体による力の大きさと向きは，これらの力より

$$|F| = \sqrt{F_x^2 + F_y^2}, \quad \phi = \tan^{-1}\frac{F_y}{F_x}$$

となる。この力の作用点は壁面を x 軸方向に投影した図形において

$$z_C F_x = \int_A z dF_x = \int_{A_x} z \cdot \rho gy dA_x = \rho g I_{zy} = \rho g (I_{zyG'} + z_G y_{G'} A_x)$$

$$y_C F_x = \int_A y dF_x = \int_{A_x} y \cdot \rho gy dA_x = \rho g I_z$$

$$= \rho g (I_{zG'} + y_{G'}^2 A_x)$$

の関係を満たす位置に作用し，x_C は F_y の作用線上，すなわち壁面の上側に存在する流体の重心位置 G に一致する。

2.6 浮力と浮揚体の安定性

2.6.1 浮　　　力

静止した流体中にある物体には，その物体が排除した流体の重量に等しい大きさの鉛直上向きの力が作用する（**アルキメデスの原理**（Archimedes' principle）。この力を**浮力**（buoyancy）と呼び，流体の密度を ρ，物体が排除した流体の体積を V とすると，浮力の大きさ F_B は式 (2.12) のように表せる。

$$F_B = \rho V g \tag{2.12}$$

流体中の物体に作用する圧力による力から浮力が排除した流体の重量に等しい大きさの鉛直上向きの力となるとなることを求める。図 **2.17** のように液中に埋没した物体から断面積が dA の円筒形要素を鉛直方向に切り出して考える。円筒形要素の上端・下端に作用する圧力による力の鉛直成分は

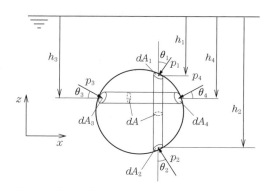

図 **2.17**　静止流体中の物体に作用する圧力による力

上端：$dF_{z1} = (p_1 dA_1) \cos\theta_1 = \rho g h_1 dA_1 \cos\theta_1$

下端：$dF_{z2} = (p_2 dA_2) \cos\theta_2 = \rho g h_2 dA_2 \cos\theta_2$

である。ここで，$dA_1 \cos\theta_1 = dA_2 \cos\theta_2 = dA$ であるため円筒形要素の高さを $h = h_2 - h_1$ とすると上・下端に作用する圧力による力の差は

$$dF_z = dF_{z2} - dF_{z1} = \rho g h_2 dA - \rho g h_1 dA = \rho g h dA = \rho g dV$$

となる。これを物体全体にわたって積分すると圧力による力の鉛直方向成分

$$F_z = \int_V dF_z = \int_V \rho g dV = \rho g V$$

が得られる。一方，円筒形要素を水平に切り出して考えると，円筒形要素の左端・右端に作用する圧力による力の水平方向成分は

左端：$dF_{x3} = (p_3 dA_3)\cos\theta_3 = \rho g h_3 dA_3 \cos\theta_3 = \rho g h_3 dA$

右端：$dF_{x4} = (p_4 dA_4)\cos\theta_4 = \rho g h_4 dA_4 \cos\theta_4 = \rho g h_4 dA$

となる。左・右端に作用する圧力による力の差は

$$dF_x = dF_{x3} - dF_{x4} = \rho g h_3 dA - \rho g h_4 dA = \rho g (h_3 - h_4) dA$$

であるが，円筒形要素を水平に切り出しているため $h_3 - h_4 = 0$ であり，圧力による力の水平方向成分はゼロとなる。したがって，物体に作用する圧力による力（浮力）は鉛直上向きに $F_B = \rho g V$ となる。

例題 2.8

図 2.18 のように密度 $\rho' = 920\,\mathrm{kg/m^3}$ の氷が密度 $\rho = 1\,030\,\mathrm{kg/m^3}$ の海水に浮かんでいる。海面から出ている部分の体積は全体の何 % になるか求めよ。

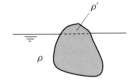

図 2.18 海水に浮かぶ氷

解答

氷の全体の体積を V，海面から出ている体積を v とすると，氷に働く重力による力と浮力はそれぞれ

重力による力：$W = \rho' g V$

浮　力：$F_B = \rho g (V - v)$

と表せる。この二つの力が釣り合った状態であるので

$$F_B = W$$

$$\rho g (V - v) = \rho' g V$$

$$\frac{v}{V} = \frac{\rho - \rho'}{\rho} = \frac{1\,030 - 920}{1\,030} = 0.107$$

したがって，海面から出ている氷の体積は全体の 10.7 % となる。まさに，見えている部分は「氷山の一角」である。

2.6.2 浮揚体の安定性

船のように液面に浮いている物体を**浮揚体**もしくは**浮体**（floating body）と呼ぶ。**図 2.19** のように浮揚体が静止しているとき，浮揚体の重心 G には重力による力 W が作用し，浮力の中心 C には浮力 F_B が作用する。このとき，重力による力 W と浮力 F_B は釣り合っており

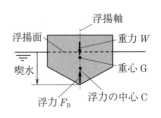

図 2.19 浮揚体に作用する力

（$W = F_B$），重心 G と浮力の中心 C は同一鉛直線上にある。この G と C を通る鉛直線を浮揚軸，液面で切断された仮想の面を浮揚面と呼ぶ。また，浮揚面から浮揚体の底までの深さを**喫水**（draft）という。

図 2.20(a)のように浮揚体が時計回りに θ だけわずかに傾いた場合を考える。傾く前に比べて，浮揚体の右側が新たに水没し右側の浮力が増加する。一方，左側は水から出ることになり，左側の浮力は減少する。新たに水没する体積と自ら出る体積が同じであれば浮揚体に作用する浮力の大きさは変わらない。しかし，傾く前に比べて，右側の浮力が増加し，左側の浮力が減少するため，浮力の作用点 C' は傾く前の浮力の中心 C よりも右に移動する。このため，重心 G と浮力の中心 C' が同一鉛直線上に位置せず重力による力と浮力が偶力となり，反時計回りのモーメントを生む。このモーメントは浮揚体の傾きを元に戻す作用（復元モーメント）があるため浮揚体は安定する。このように復元モーメントが生じ傾きを元に戻す場合を**安定**（静安定）と呼ぶ。

図(b)のように，浮揚体の重心が高い位置にあった場合を考えてみる。浮揚

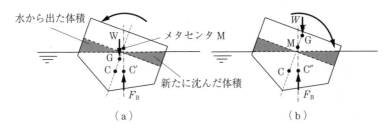

図 2.20 浮揚体の安定性

体が時計回りに θ だけわずかに傾いたとき浮力の作用点 C'' は傾く前の浮力の中心 C よりも右に移動するが，浮揚体が傾いたことにより重心 G がより右へ位置しているため，重力による力と浮力からなる偶力は時計回りのモーメントを生み，浮揚体の傾きは増大し転倒する。このように傾きを増加させるモーメントが生じる場合を不安定と呼ぶ。

この安定・不安定の判断基準に**メタセンタ**（metacenter）を用いる。傾く前の浮揚線と傾いた後の浮力の作用線の交点をメタセンタと呼ぶ。浮揚体が安定である図(a)の場合は，メタセンタ M は浮揚体の重心 G より上方にあり，不安定である図(b)の場合は，メタセンタ M は浮揚体の重心 G より下方に位置する。このようにメタセンタと重心の位置関係により浮揚体の安定性が判断できる。

2.7 容器とともに運動する液体中の圧力

容器が等加速度運動している場合を考える。外から見ると容器に入った流体は容器と共に運動しているが，容器から見ると中の流体は相対的に静止しているように見える。これを**相対的静止**（relative stationary）と呼び，流体は容器と共に運動しているが静止流体として扱うことができる。

2.7.1 直線運動をする場合

図 **2.21** のように容器が水平方向に加速度 α で運動している場合を考える。流体中に微小な円筒を仮定し，この微小円筒に働く力を考える。水平方向に働く力は慣性力 $-\rho \Delta x \Delta A \alpha$，左端に作用する圧力による力 $p \Delta A$ と右端に作用する圧力による力 $-(p+\Delta p)\Delta A$ だけである。容器に固定している座標系から見ると円筒は静止しているので

$$-\rho \Delta x \Delta A \alpha + p \Delta A - (p+\Delta p)\Delta A = 0$$

$$\Delta p = -\rho \alpha \Delta x$$

と水平方向の圧力の変化量が得られる。ここで，水平方向の基準を容器中央

2.7 容器とともに運動する液体中の圧力

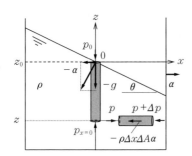

図 2.21 水平方向に等加速度運動する容器内の流体に作用する力

($x = 0$) に採ると任意の x 位置における圧力は

$$p = p_{x=0} - \rho\alpha x \tag{2.13}$$

と表せる。ここで，容器中央 ($x = 0$) の任意の z における圧力 $p_{x=0}$ はどのように表せるであろうか。容器は鉛直方向には運動しておらず，液面 ($z = z_0$) での圧力が大気圧 p_0 であることから $p_{x=0}$ は式 (2.4) から

$$p_{x=0} = p_0 + \rho g(z_0 - z) \tag{2.14}$$

となる。したがって，式 (2.13) および式 (2.14) より流体中の任意の位置 (x, z) における圧力は

$$\begin{aligned}p &= p_{x=0} - \rho\alpha x \\ &= p_0 + \rho g(z_0 - z) - \rho\alpha x\end{aligned} \tag{2.15}$$

と求められる。液面での圧力はどこも大気圧であるので液面の形状は

$$p_0 = p_0 + \rho g(z_0 - z) - \rho\alpha x$$

$$z = z_0 - \frac{\alpha}{g}x \tag{2.16}$$

と求まる。式 (2.16) は液面形状が平面でその傾きが

$$\theta = \tan^{-1}\left(-\frac{\alpha}{g}\right) \tag{2.17}$$

であることを示している。容器内の流体の体積は一定であるので，容器中央 ($x = 0$) の液面高さ z_0 は変化しないことがわかる。また，式 (2.17) に示した液面の傾きから圧力が等しい面（これを等圧面と呼ぶ）が流体の加速度ベクトルに垂直になることがわかる。

最も簡単な容器が加速度 α で鉛直方向に直線運動する場合は，加速度ベクトルは鉛直方向を向くため液面は水平を保ち，圧力は

$$p = p_0 + \rho(g + \alpha)h \tag{2.18}$$

となる．式 (2.4) の容器が運動しない場合と比較すると，式 (2.18) は加速度が g から $g + \alpha$ に変わっただけである．

2.7.2 回転運動をする場合

図 2.22 のように流体が容器とともに鉛直軸まわりに角速度 Ω で回転している場合を考える．流体中に長さ Δr の水平な微小な円筒を仮定し，この微小円筒に働く力を考える．半径方向に働く力は慣性力 $\rho \Delta r \Delta A r \Omega^2$，左端に作用する圧力による力 $p\Delta A$ と右端に作用する圧力による力 $-(p+\Delta p)\Delta A$ だけであるので

$\rho \Delta r \Delta A r \Omega^2 + p\Delta A - (p+\Delta p)\Delta A = 0$

$\Delta p = \rho r \Omega^2 \Delta r$

$dp = \rho r \Omega^2 dr$

と半径方向の圧力の変化量が得られる．したがって，任意の r における圧力は上式を積分して

$$p = \int \rho r \Omega^2 dr = \rho \Omega^2 \frac{r^2}{2} + C \tag{2.19}$$

と表せる．ここで，積分定数 C は $r = 0$（回転中心）における圧力 $p_{r=0}$ とな

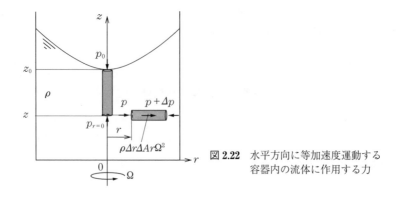

図 2.22 水平方向に等加速度運動する容器内の流体に作用する力

る。容器は鉛直方向には運動しておらず，液面（$z = z_0$）での圧力が大気圧 p_0 であることから $p_{r=0}$ は式 (2.4) より

$$p_{r=0} = p_0 + \rho g(z_0 - z) = C \tag{2.20}$$

である。式 (2.19) および式 (2.20) より，流体中の任意の位置（r, z）における圧力は

$$\begin{aligned}p &= \rho\Omega^2 \frac{r^2}{2} + p_{r=0} \\ &= \rho\Omega^2 \frac{r^2}{2} + p_0 + \rho g(z_0 - z)\end{aligned} \tag{2.21}$$

と求められる。このとき，液面での圧力はどこも大気圧であることから式 (2.21) より液面形状を求めると

$$p_0 = \rho\Omega^2 \frac{r^2}{2} + p_0 + \rho g(z_0 - z)$$

$$z = \frac{r^2\Omega^2}{2g} + z_0 \tag{2.22}$$

と回転放物面となる。

例題 2.9

図 2.23 のように幅 $B = 100$ mm，高さ $H = 100$ mm の容器に，高さ $h = 70$ mm まで密度 $1\,000$ kg/m^3 の水が入っている。容器が水平に加速度 α で移動したとき水が容器からこぼれない最大加速度を求めよ。

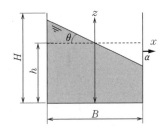

図 2.23 容器とともに移動する水の液面

解答

水が容器からこぼれないためには，液面の傾き θ が

$$\begin{aligned}\theta &\leq \tan^{-1}\left(-\frac{H-h}{B/2}\right) \\ &= \tan^{-1}\left(-\frac{0.1 - 0.07}{0.1/2}\right)\end{aligned}$$

であればよい。加速度と液面の傾きの関係は式 (2.17) より

であるため

$$\tan^{-1}\left(-\frac{\alpha}{g}\right) = \tan^{-1}\left(-\frac{0.1-0.07}{0.1/2}\right)$$

$$-\frac{\alpha}{g} = -\frac{0.1-0.07}{0.1/2}$$

$$\alpha = \frac{0.1-0.07}{0.1/2} \times 9.807 = 5.88 \text{ m/s}^2$$

したがって，容器の加速度は 5.88 m/s^2 以下であればよい．

演 習 問 題

[2.1] 問図 2.1 のような断面積 $A = 100 \text{ mm}^2$ のピストンに $F = 100 \text{ N}$ の力を加えて流体を圧縮した．流体の圧力を求めよ．

[2.2] 問図 2.2 のような断面積が $A_1 = 0.05 \text{ m}^2$, $A_2 = 12.0 \text{ m}^2$ の油圧ジャッキで質量 $m = 1\,000 \text{ kg}$ の荷物を持ち上げるために必要な小ピストンに加える力 F を求めよ．

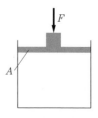

問図 2.1

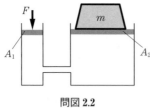

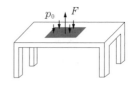

問図 2.2   問図 2.3

[2.3] 問図 2.3 のような滑らかな机の上に，$30 \text{ cm} \times 30 \text{ cm}$ のゴムシートが乗っている．このゴムシートを垂直方向に引っ張って机から剥がすのに必要な力 F を求めよ．ただし，大気圧は 101.3 kPa とする．

[2.4] 湖内部の圧力を知りたい．湖面から 30 m の深さにおける圧力をゲージ圧力で求めよ．ただし，水の密度は $1\,000 \text{ kg/m}^3$ とする．

演 習 問 題

〔2.5〕 問図 2.4 のように容器に密度 860 kg/m³ の油, 密度 1 000 kg/m³ の水, 13 600 kg/m³ の水銀が層状に入れられている。油の層の厚さを $h_1 = 30$ mm, 水の層の厚さを $h_2 = 70$ mm, 水銀の層の厚さを $h_3 = 80$ mm とするとき, それぞれの界面での圧力をゲージ圧力で求めよ。

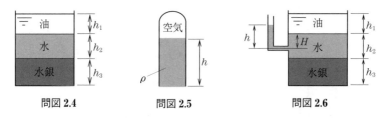

問図 2.4   問図 2.5   問図 2.6

〔2.6〕 問図 2.5 のように容器に密度 $\rho = 1 000$ kg/m³ の水を入れ, 逆さまにした。水柱の高さを $h = 100$ mm としたとき容器内の水が漏れないために必要な容器内の空気層の圧力をゲージ圧で求めよ。

〔2.7〕 〔2.5〕の容器に, 問図 2.6 のように油と水の界面より $H = 40$ mm 下にピエゾメータを取り付けた。ピエゾメータの液柱高さ h を求めよ。

〔2.8〕 密度 1.2 kg/m³ の空気がタンクに絶対圧力 110 kPa で充填されている。このタンクに問図 2.7 のように U 字管マノメータを取り付けたとき, U 字管マノメータの液柱高さ h を求めよ。ただし, 大気圧は 101.3 kPa とし, U 字管マノメータ内の液体は密度 1 000 kg/m³ の水とし, h_1 は 100 mm とする。

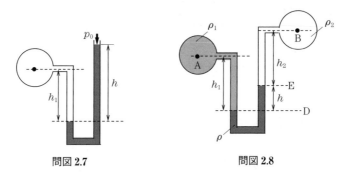

問図 2.7   問図 2.8

〔2.9〕 問図 2.8 のように密度 $\rho_1 = 1 000$ kg/m³ の水と密度 $\rho_2 = 870$ kg/m³ の油が入った二つのタンク A, B が U 字管マノメータでつながれている。点 A と点 B の圧力差 $p_A - p_B$ を求めよ。ただし, U 字管マノメータ内の液体は密度 $\rho = 13 600$ kg/m³ の水銀とし, $h_1 = 100$ mm, $h_2 = 120$ mm, $h = 50$ mm とする。また, タンク A 内の流体が密度 $\rho_1 = 1.29$ kg/m³ の空気, タンク B 内の流体が密度 $\rho_2 = 1.98$ kg/m³

の二酸化炭素であった場合の圧力差 $p_A - p_B$ も求めよ.

〔**2.10**〕 密度 $\rho_1 = 1\,000\,\text{kg/m}^3$ の水が入ったタンク A と密度 $\rho_2 = 800\,\text{kg/m}^3$ の油が入ったタンク B が，**問図 2.9** のように逆 U 字管でつながれている．圧力差 $p_A - p_B$ を求めよ．ただし，逆 U 字管マノメータ内の液体は密度 $\rho = 1.2\,\text{kg/m}^3$ の空気とし，$h_1 = 130\,\text{mm}$, $h_2 = 200\,\text{mm}$, $h = 50\,\text{mm}$ とする.

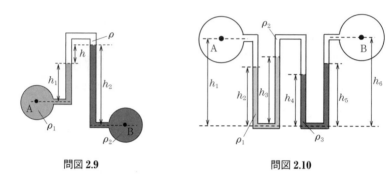

問図 2.9   問図 2.10

〔**2.11**〕 密度 $1.2\,\text{kg/m}^3$ の空気が入った二つのタンク A，B が**問図 2.10** のように U 字管，逆 U 字管でつながれている．圧力差 $p_A - p_B$ を求めよ．ただし，それぞれのタンクの高さおよび液柱高さは $h_1 = 200\,\text{mm}$, $h_2 = 130\,\text{mm}$, $h_3 = 150\,\text{mm}$, $h_4 = 120\,\text{mm}$, $h_5 = 140\,\text{mm}$, $h_6 = 200\,\text{mm}$ とし，U 字管内の流体の密度は $\rho_1 = 760\,\text{kg/m}^3$, $\rho_2 = 1.2\,\text{kg/m}^3$, $\rho_3 = 13\,600\,\text{kg/m}^3$ とする.

〔**2.12**〕 **問図 2.11** のように側面が水平より $\theta = 60°$ 傾いた容器に密度 $\rho = 1\,000\,\text{kg/m}^3$ の水が入っている．側面には $L = 3\,\text{cm}$ の位置に幅 $B = 5\,\text{cm}$, 高さ $H = 7\,\text{cm}$ の四角い窓が設けられている．この窓に作用する圧力による力と圧力中心を求めよ．また，窓が底辺 $B = 5\,\text{cm}$, 高さ $H = 7\,\text{cm}$ の二等辺三角形である場合も求めよ．

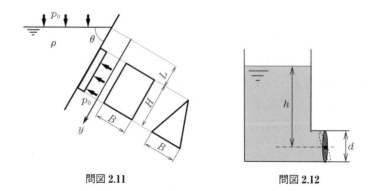

問図 2.11   問図 2.12

演習問題

〔2.13〕 問図 2.12 のように自由に回転できる直径 $d = 200\,\mathrm{mm}$ の円形の弁を持つタンクに，密度 $1\,000\,\mathrm{kg/m^3}$ の水が入っている．弁中心から水面までの高さ h が $1.5\,\mathrm{m}$ のとき弁を閉じたままにするために必要な弁に加えるトルクを求めよ．

〔2.14〕 問図 2.13 のように仕切りで区切られている奥行 $1\,\mathrm{m}$ の水槽に密度 $1\,000\,\mathrm{kg/m^3}$ の水が入っている．水槽左側の水面高さ $h_1 = 1.5\,\mathrm{m}$，右側の水面高さ $h_2 = 0.7\,\mathrm{m}$ としたとき仕切りに加わる水平方向の力と点 O 周りのモーメントを求めよ．

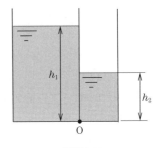

問図 2.13

〔2.15〕 熱気球は気球内部の空気を温め，内部の空気密度を小さくすることで浮上する．体積 $2\,000\,\mathrm{m^3}$ の熱気球に気球本体の自重も含めて $200\,\mathrm{kg}$ の荷が乗っているとき，気球が浮上するためには気球内部の密度をどの程度まで下げなければいけないか求めよ．ただし，気球外部の空気の密度は $1.2\,\mathrm{kg/m^3}$ とする．

〔2.16〕 問図 2.14 のように液体に浮かべるだけで液体の密度を簡便に測ることのできる装置として比重計がある．質量が $10\,\mathrm{g}$ で体積が $15 \times 10^{-6}\,\mathrm{m^3}$ の比重計が液中に沈んでいる．沈んでいる体積が全体の 90% であったとき，液体の比重を求めよ．ただし水の密度は $1\,000\,\mathrm{kg/m^3}$ とする．

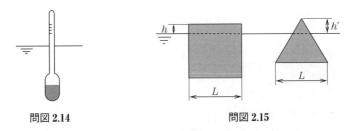

問図 2.14　　　　　問図 2.15

〔2.17〕 問図 2.15 のように密度 $\rho = 400\,\mathrm{kg/m^3}$ の木でできた 1 辺 $L = 0.1\,\mathrm{m}$ の正方形断面を持つ長さ $1\,\mathrm{m}$ の角柱を密度 $1\,000\,\mathrm{kg/m^3}$ の水に浮かべた．水から出ている分の高さ h を求めよ．また，木材の断面が 1 辺 $L = 0.1\,\mathrm{m}$ の正三角形の三角柱になり，頂角が鉛直上向きに向いている場合の水から出ている部分の高さ h' を求めよ．

〔2.18〕 密度 $1.2\,\mathrm{kg/m^3}$ の空気中において，ばねばかりで測った重さが $100\,\mathrm{N}$ の物体を密度 $1\,000\,\mathrm{kg/m^3}$ の水に沈めて同様に測ったところ，ばねばかりが示す重さが $60\,\mathrm{N}$ に下がった．物体の密度と体積を求めよ．

〔2.19〕 容器に密度 $1\,000\,\mathrm{kg/m^3}$ の水が入っている．水が容器と共に鉛直下向きに加速度 $5\,\mathrm{m/s^2}$ で落下するとき，液面から $100\,\mathrm{mm}$ の深さの位置の圧力をゲージ圧力

で求めよ.

〔**2.20**〕 直径 100 mm,高さ 150 mm の円筒形容器に,高さ 120 mm まで密度 1 000 kg/m³ の水が入っている.容器を回転させたとき,中の水がこぼれない最大の回転数を求めよ.

コーヒーブレイク

微差圧センサ

昆虫の飛翔のような非常にゆっくりとした風速域では,流れによって生じる圧力差が小さく圧力の計測が困難となる.1 m/s の風速では 2 Pa 程度のゲージ圧力(1 円硬貨を手のひらに乗せたときに加わる圧力が約 30 Pa)しか生じず,この微小な圧力の測定は,2.4 節で紹介した傾斜マノメータでさえも困難である.小さな飛翔体の表面の圧力計測には小さなセンサが必要であり,これに伴って圧力を受けるダイヤフラムも小さくなる.当然,小さなダイヤフラムでは圧力による変形量も小さく,さらに圧力の計測が困難となる.

ここでは,このように計測が非常に困難な圧力を計測するために試作された半導体圧力センサを紹介しよう.図に示したセンサは,半導体製造技術を応用して試作され,ダイヤフラムの厚さを 10 μm まで薄くしたことで,数 Pa 程度の超微小な圧力差も計測可能となった.実用化には課題も残されているが,ゆっくりと飛翔する飛翔体の流れ場の解明に役立つ日もくるであろう.

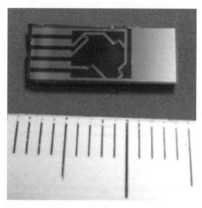

(a) 写真(スケールの 1 目盛は 1 mm)

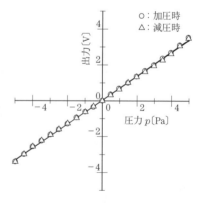

(b) 微小圧力の測定結果

図 半導体微差圧センサ(厚さ 0.5 mm)
(日本大学理工学部機械工学科関谷研究室提供)

3章 流体の運動と保存則

◆本章のテーマ

　第2章では静止する流体における力の釣合いについて学んだが，本章では運動する流体について学ぶ．このために，流れの捉え方，流体の運動とそれに伴う変形，渦の種類と渦度について知り，流れの形態として層流と乱流について簡単にふれる．その上で，流体力学における質量保存則とエネルギー保存則を導出し，応用としてピトー管を用いた流速計測やベンチュリ管を用いた流量計測の原理について述べる．さらに，流体のエネルギーの増減がある場合のエネルギー保存則について考える．

◆本章の構成（キーワード）

3.1 流れの捉え方
　　ラグランジュ的，オイラー的，定常流，非定常流，流線，流脈線，流跡線，一様流，非一様流

3.2 流体の運動と渦
　　運動と変形，渦，渦度，自由渦，強制渦，ランキン渦

3.3 流れの形態
　　層流，乱流，レイノルズ数

3.4 連続の式
　　質量保存則，流管，質量流量，体積流量，流量

3.5 ベルヌーイの式
　　エネルギー保存則，速度ヘッド，圧力ヘッド，位置ヘッド，全ヘッド，エネルギー勾配線，水力勾配線，トリチェリの定理

3.6 ベルヌーイの式の応用
　　ピトー管，流速計測，よどみ点，動圧，静圧，全圧，ベンチュリ管，流量計測，エネルギーの増減

◆本章を学ぶと以下の内容をマスターできます

- 流れの捉え方と流体の運動と形態
- 流れの質量保存
- 流れのエネルギー保存

3.1 流れの捉え方

3.1.1 流体の運動の捉え方

風に流される風船や木の葉を追いかけることで流れの様子を捉えることができる一方で，天気図のように各場所における風の向きと風速から流れの様子を捉えることもできる。これらはそれぞれ，つぎのように区別される。

- **ラグランジュ（Lagrange）的な捉え方**　流体が流体粒子[†]からなるとして，各粒子の運動を記述する方法であり，図 **3.1**(a)のように流体粒子の運動を時間とともに追いかける捉え方である。
- **オイラー（Euler）的な捉え方**　空間の各位置において流れの様子を記述する方法であり，図(b)のようにある位置における流れの時間変化を観測するような捉え方である。

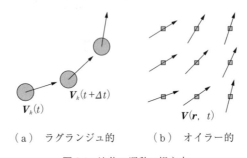

図 **3.1**　流体の運動の捉え方

流体力学では，一般的に流体の運動はオイラー的な捉え方によって記述される。例えば，流体の速度，圧力，密度，温度など流れの様子を表す物理量が位置と時間の関数として定義される。

3.1.2 定常流・非定常流

流体が流れている空間を**流れ場**といい，流れ場の各位置における速度，圧

[†] 原子・分子より十分大きいが，連続体からは十分小さい流体の塊を概念的に流体粒子とみなしているもので，いわゆる粒子ではない。

力,密度,温度などが時間的に変化しない流れを**定常流**(steady flow),時間とともに変化する流れを**非定常流**(unsteady flow)と呼ぶ.

3.1.3 流線・流跡線・流脈線

流れ場の様子を直感的に表す方法として図 **3.2**(a)のような**流線**(stream line)がある.流線とは,ある瞬間の流れ場における速度ベクトルをつないだ曲線である.言い換えると,ある位置における流線の接線ベクトル $d\boldsymbol{s}$ の方向と速度ベクトル $\boldsymbol{V}$ の方向が一致する.これとは別に,風に流された風船がたどる軌跡のように,流体粒子の軌跡がつくる曲線を**流跡線**(path line),煙突から出た煙が風に流されて描く線のように,ある場所を通った流体粒子からなる曲線を**流脈線**(streak line)と呼ぶ.図(b)のように,$\boldsymbol{V}_\mathrm{m}$ の速度を持った流体粒子の軌跡が流跡線になり,出発点が同じ流体粒子群が時刻 t に作る線が流脈線になる.また,流れ場が時間とともに変化する非定常流の場合はこれらの線は一致しないが,定常流の場合にはこれらすべての線が一致する.

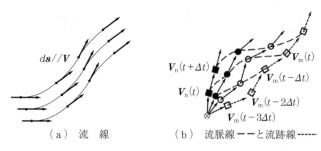

(a) 流線 (b) 流脈線━━と流跡線‥‥‥

図 **3.2** 流線,流跡線,流脈線

3.1.4 一様流・非一様流

流れ場の各点において速度ベクトルが等しい流れを**一様流**(uniform flow)と呼び,流れを扱う際に,対象の流れの上流で一様流が仮定されることがある.例えば,物体周りの流れなどでは,一様流が物体に当たり,物体の影響で下流の流れが乱される.この下流にできた流れ場のように,各点の速度ベクト

ルが異なる流れを**非一様流**（nonuniform flow）と呼ぶことがある。

3.2 流体の運動と渦

3.2.1 流体の運動・変形

図 3.3 のように，流体の並進と回転（自転）といった運動があり，運動に伴って膨張・収縮や球が楕円球にひしゃげるようなせん断変形が生じる。これらの変形に伴って生じる応力のほかに，慣性力や外力等を考慮した運動方程式によって流体の運動が記述されることになる。また，変形に伴って生じる応力としては，変形を妨げるように働く粘性による応力や膨張・収縮による圧力の変化があるが，弾性体と異なりせん断変形に対する復元力は流体には生じない。

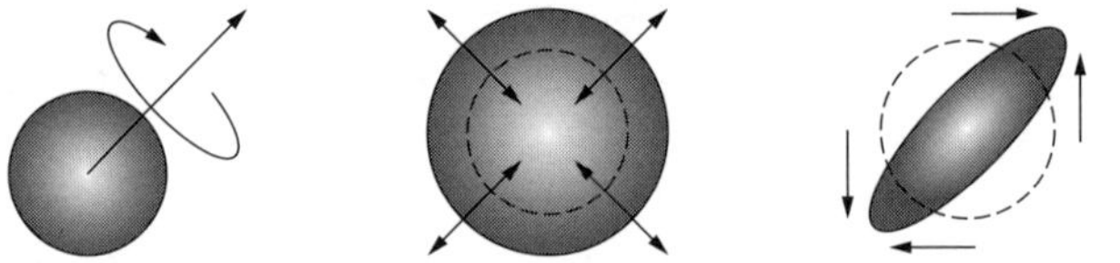

　　（a）並進・回転　　　（b）膨張・収縮　　　（c）せん断変形

図 3.3　流体の運動と変形

3.2.2 渦 と 渦 度

渦というと，お風呂の栓を抜いて水が渦巻く流れ，洗濯機の中で水が回転する流れや台風の風の流れが浮かぶ。これらは順に，**自由渦**（free vortex），**強制渦**（forced vortex），**ランキン渦**（Rankine vortex）に分類され区別される。図 3.4(a) に示すように，自由渦は中心の流速が速く，中心から離れるにつれ半径に反比例して流速が遅くなる。これとは逆に，強制渦は剛体回転のように半径に比例して流速が速くなる（図(b)）。ランキン渦は，ある半径の内側は強制渦で，外側は自由渦となるような組合せ渦である（図(c)）。台風の中心で風が弱く，中心から離れるにつれて風が強くなり，ある程度離れると今度は風

3.2 流体の運動と渦

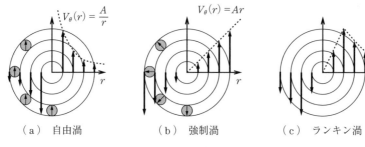

（a） 自由渦　　　　（b） 強制渦　　　　（c） ランキン渦

図 3.4　渦の種類と速度分布の関係

が弱くなることを想像してほしい。

このように，渦というと渦巻のように環状な流れが浮かぶが，流体では図 3.3(a) のように回転する流体粒子による渦もある。この流体粒子の回転を**渦度**（vorticity）といい，流れ場の速度ベクトル V の**回転**（rotation）として定義される**渦度ベクトル**（vorticity vector）を ω（$= \mathrm{rot}\,V$）で表す。また，流れにおける渦度の有無に対応して，**渦あり流れ**（rotational flow）もしくは**渦なし流れ**（irrotational flow）と呼ばれる。図 3.4(a) のように，自由渦は流体粒子の向きが変わらず回転がないため渦なし流れとなる。これに対して，図 (b) のように，強制渦は流体粒子の向きが変わる回転があるので渦あり流れとなる。また，大きな渦を巻く流れではないがクエット流れやポアズイユ流れも渦あり流れになる。

例題 3.1

図 3.5 に示すようなクエット流れが渦あり流れであることを示せ。

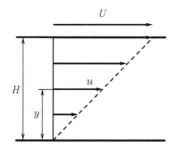

図 3.5　クエット流れの速度分布

解答

速度ベクトル $V = (u, v, w)$ を用いて渦度ベクトル $\omega = \mathrm{rot}\, V$ は次式のように表される.

$$\omega = (\omega_x, \omega_y, \omega_z) = \left(\frac{\partial w}{\partial y} - \frac{\partial v}{\partial z}, \frac{\partial u}{\partial z} - \frac{\partial w}{\partial x}, \frac{\partial v}{\partial x} - \frac{\partial u}{\partial y} \right) \tag{3.1}$$

ここで,クエット流れにおける速度分布は

$$u(y) = \frac{U}{H} y, \quad v = 0$$

であり,2次元流れでは,ω_z だけ考えればよいので,

$$\omega_z = -\frac{U}{H}$$

となる.よって,渦度がゼロでないため,クエット流れは渦あり流れになる.

3.3 流れの形態

3.3.1 層流・乱流

図 **3.6** のように層状に流れる状態を**層流**(laminar flow),不規則に乱れて流れる状態を**乱流**(turbulent flow)という.乱流では不規則な流体の運動の中に3次元的な渦運動があり,大小さまざまな渦の伸縮による強い渦度変動を伴う.

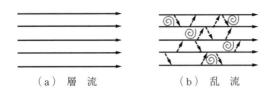

図 **3.6** 層流と乱流における流体粒子の運動のイメージ

図 **3.7**(a)のような渦の伸縮は,図(b)のように穴の開いたコインを通した糸の両端を持って回すときに,糸を引っ張ったり,緩めたりすることで回転速度が変わるのと似ている.

3.3 流れの形態

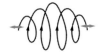 

(a) 渦の伸縮　　　(b) コインの回転

図 3.7　渦の伸縮による渦度変動のイメージ

さて，層流と乱流の違いが顕著に表れる例としては，拡散現象がある．層流では分子の不規則な運動に伴う拡散によるものだけだが，乱流では流体自体が不規則な運動をしているため，それによる拡散が分子による拡散よりも影響が大きくなる．例えば，紅茶にミルクを入れてスプーンで混ぜると，濃度差や温度差がある流体を乱流拡散によって早く均一にすることができる．

工学的に取り扱う流れの多くは乱流であるため，乱流の性質を知り，制御することが重要になる．

3.3.2　レイノルズ数

レイノルズが円管内流れの実験（5.1 節参照）において，平均流速が速いほど，また，管の内径が大きいほど層流から乱流に遷移しやすいという実験結果を整理するために導入した無次元数であり，次式のように定義される．

$$Re \equiv \frac{(代表速度) \times (代表長さ)}{(動粘性係数)} = \frac{UL}{\nu} \tag{3.2}$$

このレイノルズ数（Reynolds number）によって円管内流れが層流か乱流かを判断することができる．例えば，円管内の平均流速と円管の内径をそれぞれ代表速度と代表長さに選んでレイノルズ数を定義すると，滑らかな円管では $Re = 2\,300$ を臨界レイノルズ数（critical Reynolds number）として，$Re < 2\,300$ で層流，$Re > 2\,300$ で乱流となる．また，レイノルズ数は流体の運動における慣性力と粘性力の比を表す他にも，レイノルズ数は図 3.8 のように最大スケールと最小スケールの渦の長さ，時間，速度などのスケール関係を表しており，レイノルズ数が高いほどスケール間の比が大きい．例えば，円管内流れでは最大渦の長さスケールは円管の内径と同程度になるが，最小渦の長さス

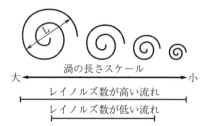

図 3.8 乱流は大小さまざまなスケールの渦からなる

ケールはレイノルズ数が高いほど小さくなる。

3.4 連続の式

図 3.9 のように，流れ場における任意の閉曲線 C 上の点を通る無数の流線によってできる管を**流管**（stream tube）という。定義より流線を横切る流れはないため，閉曲線で囲まれた断面を過ぎる流体は，流管内を通って別の断面を必ず通ることになる。ここで，図 3.10 に示すような断面 ① と断面 ② に挟まれた流管内の領域を**検査体積**（control volume）として，この検査体積における質量保存について考える。断面 ① から微小時間 Δt に流入する質量は，(密度)×(体積) より，$\Delta m_1 = \rho_1 A_1 V_1 \Delta t$ であり，断面 ② から流出する質量は $\Delta m_2 = \rho_2 A_2 V_2 \Delta t$ である。よって，検査体積内の微小時間 Δt における質量変化を ΔM とすると

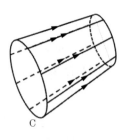

図 3.9 流 管

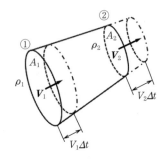

図 3.10 流管内の検査体積の質量保存

$$\Delta M = \Delta m_1 - \Delta m_2 = \rho_1 A_1 V_1 \Delta t - \rho_2 A_2 V_2 \Delta t \tag{3.3}$$

と表すことができる。ここで，両辺を Δt で除すれば

$$\frac{\Delta M}{\Delta t} = \rho_1 A_1 V_1 - \rho_2 A_2 V_2 \tag{3.4}$$

断面 ① と断面 ② に挟まれた検査体積内の質量の時間変化率が得られる。時間的に流れの変化がない定常流の場合，$\Delta M = 0$ なので

$$\rho_1 A_1 V_1 = \rho_2 A_2 V_2 \tag{3.5}$$

となり，**質量流量**（mass flow rate）$Q_m\,(=\rho A V)$ が流管内の各断面で一定になる。また，密度一定（$\rho_1 = \rho_2$）の場合には

$$A_1 V_1 = A_2 V_2 \tag{3.6}$$

となり，**体積流量**（volumetric flow rate）$Q\,(=AV)$ が流管内の各断面で一定になる。これ以降，本書では体積流量 Q を単に**流量**（flow rate）と呼ぶ。上式のような流体に対する質量保存式を**連続の式**（continuity equation）と呼ぶ。式 (3.6) より，流量が一定の場合，断面積が小さくなると流速が速くなり，断面積が大きくなると流速が遅くなることがわかる。このことは，流速が速いところでは隣り合う流線の間隔が狭く，流速が遅いところでは流線の間隔が広くなることを表している。また，ここでは流管内の質量保存を考えたが，流管面と管路壁面との対応を考えると，そのまま管路内の流れにも連続の式が応用できる。

例題 3.2

図 **3.11** のような縮小拡大流路内を流量一定で流体が定常状態で流れている。各断面の断面積に $A_2 < A_1 < A_3$ の関係があるとき，各断面における流速の大小関係を示せ。

解答

流量一定の定常流なので
$$Q = A_1 V_1 = A_2 V_2 = A_3 V_3$$

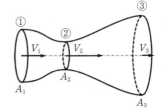

図 **3.11** 流路断面積の変化と流速の関係

が成り立ち，V_2 および V_3 を V_1 で表せば次式のようになる．

$$V_2 = \frac{A_1}{A_2} V_1, \quad V_3 = \frac{A_1}{A_3} V_1$$

ここで，$A_2 < A_1 < A_3$ なので，各断面の流速には $V_3 < V_1 < V_2$ の関係が成り立つ．

3.5 ベルヌーイの式

質量の保存と同様に，図 3.12(a) に示すような流管内の断面 ① と断面 ② に挟まれた検査体積におけるエネルギーの保存を考える．断面 ① から微小時間 Δt に流入する流体の質量を Δm_1 とすると運動エネルギー，位置エネルギーおよび内部エネルギーの和は

$$\frac{1}{2} \Delta m_1 V_1^2 + \Delta m_1 g z_1 + \Delta m_1 e_1 \tag{3.7}$$

と表される．ここで，e は単位質量当りの内部エネルギーである．断面②から流出するエネルギーの和も同様に表される．一方，図(b)のように，断面①と断面②で挟まれた検査体積の表面には圧力が作用しており，この圧力による仕事（＝圧力×断面積×移動距離）も検査体積内のエネルギー変化に影響する．流れの方向と面の法線方向との関係から圧力による仕事は

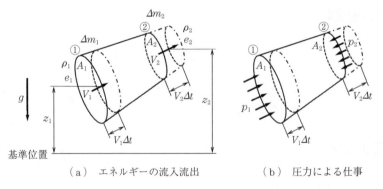

（a）エネルギーの流入流出　　　（b）圧力による仕事

図 3.12　流管内のエネルギーと断面に作用する圧力による仕事の関係

3.5 ベルヌーイの式

$$p_1 A_1 V_1 \Delta t - p_2 A_2 V_2 \Delta t = \frac{p_1}{\rho_1} \Delta m_1 - \frac{p_2}{\rho_2} \Delta m_2 \tag{3.8}$$

と表せる．等エントロピーの定常流では，圧力による仕事と断面①から流入する流体のエネルギーおよび断面②から流出するエネルギーの和がゼロになり，質量の保存から $\Delta m_1 = \Delta m_2$ なので

$$\frac{V_1^2}{2} + e_1 + \frac{p_1}{\rho_1} + gz_1 = \frac{V_2^2}{2} + e_2 + \frac{p_2}{\rho_2} + gz_2 \tag{3.9}$$

という関係式を得る．ここで，**等エントロピー流れ**（isentropic flow）とは，エントロピーが変化しない熱力学過程，つまり，断熱的で可逆な変化をする流れであり，外部の系との熱の出入りや損失がないような流れのことをいう．上式は細い流管の二つの断面，言い換えると同一流線上の2点でも成り立つ．また，密度一定（$\rho_1 = \rho_2 = \rho$）の非圧縮性流体では内部エネルギーの変化がない（$e_1 = e_2$）ので

$$\frac{V_1^2}{2} + \frac{p_1}{\rho} + gz_1 = \frac{V_2^2}{2} + \frac{p_2}{\rho} + gz_2 \tag{3.10}$$

となる．両辺に密度 ρ を乗じたり，両辺を重力加速度 g で除したりすると

$$\frac{\rho V_1^2}{2} + p_1 + \rho gz_1 = \frac{\rho V_2^2}{2} + p_2 + \rho gz_2 \tag{3.11}$$

という関係や

$$\frac{V_1^2}{2g} + \frac{p_1}{\rho g} + z_1 = \frac{V_2^2}{2g} + \frac{p_2}{\rho g} + z_2 \tag{3.12}$$

という関係を得る．式(3.10)は単位質量当りのエネルギー，式(3.11)は圧力（単位体積当りのエネルギー），式(3.12)は高さというように単位系が異なっている．上式(3.9)～(3.12)のような流線に沿って等エントロピーを仮定した場合の**エネルギー保存式**（energy conservation equation）を**ベルヌーイの式**（Bernoulli's equation）と呼ぶ．また，高さは**水頭**（hydraulic head）もしくは単に**ヘッド**（head）と呼ばれ，式(3.12)の各項を，**速度ヘッド**（velocity head），**圧力ヘッド**（pressure head），**位置ヘッド**（elevation head），これらの和を**全ヘッド**（total head）と呼ぶ．

> **コーヒーブレイク**

圧縮性流れ

圧縮性流れは流体の運動において圧縮性の影響が顕著な流れであり，超音速で飛行する飛行機の周りに生じる衝撃波やガスタービン内部の流れなどは圧縮性流れの典型的な例である．では，第1章で述べたように圧縮性を考慮する必要があるマッハ数 M が高い流れとはどのような流れだろうか．ベルヌーイの式 (3.9) において，単位質量当りの運動エネルギーと内部エネルギーの比について理想気体を対象に考える．比熱比 κ を用いると理想気体の内部エネルギーが $e = C_v T = RT/(\kappa-1)$ と表され，例題 1.5 より音速 $a = \sqrt{\kappa RT}$ であることから

$$\frac{V^2/2}{e} = \frac{V^2}{2C_v T} = \frac{(\kappa-1)V^2}{2RT} = \frac{\kappa(\kappa-1)V^2}{2\kappa RT} = \frac{\kappa(\kappa-1)V^2}{2a^2} = \frac{\kappa(\kappa-1)}{2}M^2$$

となり，運動エネルギーと内部エネルギーの比がマッハ数 M の2乗程度になることがわかる．この関係が，第1章で流体の圧縮性について述べた際に，マッハ数に対して $M^2 < 1$ の流れでは圧縮性の影響が小さいとした理由の一つである．つまり，マッハ数が高い圧縮性流れとは，運動エネルギーが内部エネルギーと同程度かそれ以上の流れであり，逆にマッハ数が低い圧縮性流れとは内部エネルギーが運動エネルギーに比べて大きい流れであることがわかる．ここで，（低マッハ数の圧縮性流れ）≅（非圧縮性流れ）と考えてもよいが，物体周りの流れに生じる渦から発生する空力騒音などの密度変動に伴う圧力変動，つまり音の伝播を考える際には，低マッハ数の圧縮性流れとして取扱う必要がある．

さて，式 (3.9) において位置エネルギーの変化がないとして，内部エネルギー項と圧力項をまとめると

$$\frac{V_1^2}{2} + \frac{\kappa}{\kappa-1}\frac{p_1}{\rho_1} = \frac{V_2^2}{2} + \frac{\kappa}{\kappa-1}\frac{p_2}{\rho_2}$$

となる．ここで，第2項はエンタルピーを表している．上式は圧縮性流れに対するベルヌーイの式であり，等エントロピー流れにおける流体の全エンタルピーの保存を表している．圧縮性流れについての詳細は，気体力学または空気力学に関する書籍を参考にしてほしい．

図 3.13 のように水が流れる縮小拡大流路に管を垂直に立てると，水柱の液面が圧力と釣り合う位置で静止する。① から ② にかけて流路の断面積が小さくなると，連続の式から流速が速くなり，速度ヘッドが大きくなる。式 (3.12) から，流線に沿って全ヘッドは一定であり，ここでは位置ヘッドが変わらないため，速度ヘッドが大きくなると圧力ヘッドが小さくなる。逆に ② から ③ にかけて流路の断面積が大きくなると，連続の式から流速が遅くなって，速度ヘッドが小さくなり，圧力ヘッドが大きくなる。図 3.13 は以上のような管路における各ヘッドの関係を表しており，全ヘッドをつないだ線を**エネルギー線**（energy line），圧力ヘッドと位置ヘッドの和をつないだ線を**水力勾配線**（hydraulic grade line）と呼ぶ。

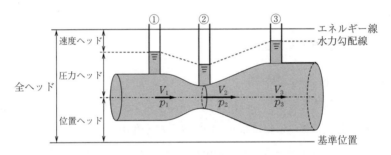

図 3.13　縮小拡大流路における各ヘッドの関係

例題 3.3

図 3.14 のようなタンクの側面に空いた穴から放出される水の流速 V を求めよ。ただし，流れによる液面の変化はなく，大気圧 p_0 にさらされているものとする。

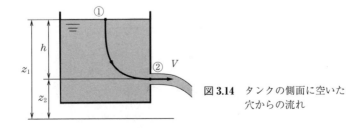

図 3.14　タンクの側面に空いた穴からの流れ

解答

図 3.14 において，① で $V_1 = 0$, $p_1 = p_0$ であり，② では $V_2 = V$ で大気中に放出されているので $p_2 = p_0$ となる．ここで，① から ② を通る流線上でベルヌーイの式を考えると，式 (3.12) より

$$\frac{p_0}{\rho g} + z_1 = \frac{V^2}{2g} + \frac{p_0}{\rho g} + z_2$$

となり，図より，$z_1 - z_2 = h$ であることを用いて上式を V について解くと

$$V = \sqrt{2gh} \tag{3.13}$$

を得る．つまり，穴から放出される流速は液体の密度に関係なく，液面と穴の高さのみに依存することがわかる．以上を**トリチェリの定理**（Torricelli's theorem）という．

3.6 ベルヌーイの式の応用

3.6.1 ピトー管

速度はある距離を移動するのに要した時間で除すると得られるが，目に見えない流れの速度はどのようにして計測できるだろうか．

図 3.15 のように**ピトー管**（Pitot tube）と呼ばれる L 字型に曲げられた細い管を空気が流れる管路内の上流に向かって挿入すると，ピトー管内に空気が流れ込み液面があるところまで下がったところでピトー管内の流れが止まる．このとき，流れの中でピトー管の先端では流速がゼロであり，そのような点をよ

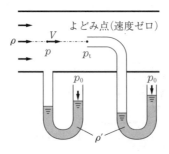

図 3.15　ピトー管を用いた流速計測

どみ点（stagnation point）と呼ぶ。また，図のように圧力 p_t と大気圧 p_0 の圧力差によって U 字管内に液柱差が生じ，力が釣り合った状態で静止する。一方，管路に垂直に挿入された管に空気は流れ込まず，流速 V で流れるが，圧力 p の作用によって液面が下降し，大気圧と釣り合うように液柱差が生じて静止する。ここで，流線に沿ってベルヌーイの式を考えると，式 (3.11) より

$$\frac{\rho V^2}{2} + p = p_t \tag{3.14}$$

を得る。左辺第 1 項を**動圧**（dynamic pressure），第 2 項を**静圧**（static pressure），これらの和である右辺を**全圧**（total pressure）と呼ぶ。上式より，速度は

$$V = \sqrt{\frac{2(p_t - p)}{\rho}} \tag{3.15}$$

となり，全圧と静圧の差を計測することで流速が求められることがわかる。

例題 3.4

図 **3.16** のように，2 重円管を曲げたような管で，内側の管で全圧を外側の側面に空いた穴で静圧を得るピトー管と U 字管マノメータを用いて流速計測を行う場合，管内の流速 V を液柱差 h を用いて表せ。

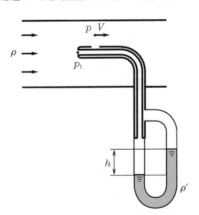

図 **3.16** ピトー管と U 字管マノメータを用いた流速計測

解答

U字管マノメータにおける力の釣合いから

$$p_t + \rho gh = p + \rho' gh$$

が成り立つ．よって，全圧と静圧の差は

$$p_t - p = (\rho' - \rho)gh$$

となり，これを式 (3.15) に代入することで速度 V を得ることができる[†]．

$$V = \sqrt{\frac{2(\rho' - \rho)gh}{\rho}} \tag{3.16}$$

3.6.2 ベンチュリ管

図 **3.17** のように，流路断面積が縮小・拡大したくびれを持つ管をベンチュリ管 (venturi tube) と呼び，断面積が最小になる部分を**のど部** (throat) と呼ぶ．ベンチュリ管は管路の流量を計測するのに用いられ，その原理は以下のとおりである．

非圧縮性流体の定常流の場合，連続の式より $Q = A_1 V_1 = A_2 V_2$ なので

$$V_1 = \frac{A_2}{A_1} V_2 \tag{3.17}$$

となる．ベルヌーイの定理（式 (3.10)）より，高さの変化がなく $z_1 = z_2$ なので

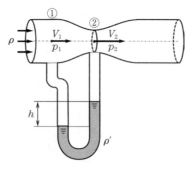

図 **3.17** ベンチュリ管とU字管マノメータを用いた流量計測

[†] 全圧と静圧の点が同一流線上にないが，それぞれの点を通る流線の上流で流体が保有する全エネルギーが等しいと仮定している．

3.6 ベルヌーイの式の応用

$$\frac{V_1^2}{2} + \frac{p_1}{\rho} = \frac{V_2^2}{2} + \frac{p_2}{\rho} \tag{3.18}$$

が成り立ち，式 (3.17) を代入して整理すると

$$V_2 = \frac{1}{\sqrt{1-(A_2/A_1)^2}}\sqrt{\frac{2(p_1-p_2)}{\rho}} \tag{3.19}$$

を得る．よって，$Q = A_2 V_2$ から管路内の流量が求められるが，実際にはエネルギーの損失が生じるため流量係数 C を乗じた補正を考慮して

$$Q = C \frac{A_2}{\sqrt{1-(A_2/A_1)^2}}\sqrt{\frac{2(p_1-p_2)}{\rho}} \tag{3.20}$$

と表現される．式 (3.20) において断面積は既知であるため，図のように圧力差 $\Delta p = p_1 - p_2$ を U 字管マノメータ等で測定することによって，流量 Q を求めることができる．

例題 3.5

図 3.17 のようなベンチュリ管と U 字管マノメータを用いた流量計測において，断面 ① における流速 V_1 を液柱差 h を用いて表せ．

解答

U 字管マノメータにおける力の釣合いから

$$p_1 + \rho g h = p_2 + \rho' g h$$

なので

$$p_1 - p_2 = (\rho' - \rho) g h$$

となる．一方，連続の式より $V_2 = (A_1/A_2)V_1$ であり，これを式 (3.18) に代入し，上式を用いれば

$$V_1 = \frac{1}{\sqrt{(A_1/A_2)^2 - 1}}\sqrt{\frac{2(p_1-p_2)}{\rho}} = \frac{1}{\sqrt{(A_1/A_2)^2 - 1}}\sqrt{\frac{2(\rho'-\rho)gh}{\rho}} \tag{3.21}$$

となる．

例題 3.6

図 3.17 のようなベンチュリ管と U 字管マノメータを用いた流量計測において，液柱差 h を流量 Q を用いて表せ．

解答

式 (3.18) より

$$p_1 - p_2 = \frac{\rho}{2}(V_2^2 - V_1^2)$$

となる．一方，式 (3.21) を h について整理し，上式を代入すると

$$h = \frac{p_1 - p_2}{(\rho' - \rho)g} = \frac{\rho}{(\rho' - \rho)}\frac{V_2^2 - V_1^2}{2g}$$

となる．さらに，$V_1 = Q/A_1$ および $V_2 = Q/A_2$ を代入すれば

$$h = \frac{\rho}{(\rho' - \rho)}\left[\left(\frac{1}{A_2}\right)^2 - \left(\frac{1}{A_1}\right)^2\right]\frac{Q^2}{2g} \tag{3.22}$$

を得る．

3.6.3 エネルギーの増減を伴う場合のエネルギーの保存

現実の流れにおいては，熱交換機やポンプもしくは風車などによる外部の系とのエネルギーのやりとりによって流体のエネルギーが増減する．また，摩擦損失によって力学的エネルギーが熱に変化する（エネルギーの散逸）．前節までは，このような外部の系とのエネルギーのやりとりや損失がない場合の等エントロピー流れに対するエネルギーの保存を考えたが，ここでは，流体のエネルギーの増減を伴う場合の**エネルギー保存式**（energy conservation equation）について考える．

流線上の点①から点②に流体が流れる際に，外部の系から入ってくる単位質量当りのエネルギーを E_{in}（機械的入力，入熱など），外部の系へ出ていく単位質量当りのエネルギーを E_{out}（機械的出力，放熱など）とすると，エネルギー保存式は

$$\frac{V_1^2}{2} + e_1 + \frac{p_1}{\rho_1} + gz_1 + E_{\text{in}} = \frac{V_2^2}{2} + e_2 + \frac{p_2}{\rho_2} + gz_2 + E_{\text{out}} \tag{3.23}$$

というように表される。

例えば，密度 ρ の非圧縮性流体が水平に設置された断面積一定のまっすぐな管路内を平均流速 $V\ (= V_1 = V_2)$ で流れているとすると，式 (3.23) より

$$p_1 - p_2 = \rho(E_{\text{out}} - E_{\text{in}}) \tag{3.24}$$

となる。外部の系とのエネルギーの出入りがない $E_{\text{in}} = E_{\text{out}} = 0$ の場合は $p_1 = p_2$ となるが，管路との摩擦がある場合は，摩擦で生じた熱が外部の系へ出ていくため（$E_{\text{out}} > 0$），圧力損失 $\Delta p = p_1 - p_2$ が生じる。

演 習 問 題

〔3.1〕 図 3.4 に示した自由渦と強制渦が，それぞれ渦なし流れ，渦あり流れとなることを示せ。

〔3.2〕 内径 $d = 20\,\text{mm}$ の滑らかな円管内を平均流速 $U = 1\,\text{m/s}$ で水が流れているとき，レイノルズ数 Re はいくらか。また，臨界レイノルズ数を $Re_c = 2\,300$ とするとき，管内の流れは層流か乱流か答えなさい。ただし，水の粘性係数を $\mu = 1.0 \times 10^{-3}\,\text{Pa·s}$ とする。

〔3.3〕 図 3.11 のように，縮小拡大流路を水が流量 $Q = 30\,\text{L/min}$ で流れている。断面 ① の内径 $d_1 = 25\,\text{mm}$ とすると，断面 ① における流速 V_1 は何 m/s になるか。

〔3.4〕 図 3.11 のように，縮小拡大流路において内径 $d_1 = 20\,\text{mm}$ とする断面 ① を流速 $V_1 = 5.0\,\text{m/s}$ で空気が流れている。断面 ② の内径 $d_2 = 10\,\text{mm}$ とすると，断面 ② における流速 V_2 は何 m/s になるか。

〔3.5〕 図 3.14 のように，タンクの側面に液面から 8.0 m 下の位置に空いた穴から放出される水の速度 V は何 m/s になるか。

〔3.6〕 図 3.14 のように，タンクの側面に液面から 5.0 m 下の位置に空いた穴（直径 $d = 10\,\text{mm}$）から放出される水の流量 Q は何 L/min になるか。

〔3.7〕 図 3.16 のようにピトー静圧管で空気の流速を計測したところ，$V = 10\,\text{m/s}$ であった。この流れの動圧は何 Pa になるか。また，空気の代わりに水が流速 $V = 10\,\text{m/s}$ で流れている場合の動圧は何 Pa になるか。

〔3.8〕 図 3.16 のように，ピトー静圧管で空気の流速を計測したところ，水を入れた U 字管マノメータの液柱差が $h = 100\,\text{mm}$ であった。この流れの流速 V は何 m/s になるか。

〔3.9〕 図 3.17 のベンチュリ管内を空気が流れているとき，水を入れた U 字管マノ

メータを用いて流量計測を行ったところ，液柱差 $h = 35$ mm であった．管内を流れる空気の流量 Q は何 m^3/min か．ただし，管路の内径 $d_1 = 100$ mm，のど部の内径 $d_2 = 60$ mm，流量係数 $C = 1.0$ とする．

[**3.10**] 図3.17のベンチュリ管内を水が流量 $Q = 20$ L/min で流れているとき，水銀を入れたU字管マノメータを用いて流量計測を行った．このときマノメータの液柱差 h は何 mm か．ただし，管路の内径 $d_1 = 30$ mm，のど部の内径 $d_2 = 15$ mm とする．

──── コーヒーブレイク ────

CFD

　CFD (computational fluid dynamics) は数値流体力学とも呼ばれ，流れをコンピュータシミュレーションによって再現し，得られたデータから詳細な解析を行うものである．身近なところでは，日々の天気予報のための気象予測にCFDが用いられているし，映画などのコンピュータグラフィックスにおいては，波や雲，炎や煙といった目に見える流れがシミュレーションされている．工学の分野では，飛行機や新幹線，自動車といった高速移動する物体の周りの目に見えない流れに対してCFDが適用されるなど，流体工学が関連するさまざまな設計開発にCFDが役立てられている．また，近年の流体力学に関する研究では，理論と実験に加えてCFDを用いることで，より複雑な流れ現象が明らかにされようとしている．

　実際にCFDを行うには，解析の対象となる流れに対応した流体解析アプリケーションソフトウェアを準備する必要がある．流体解析アプリケーションソフトウェアの内部では，流体に対する質量，運動量およびエネルギーの保存式に加えて，対象とする流れに応じたモデル式が導入された基礎方程式系を離散化した近似式が数値的に解かれる．そして，初期値を基に時々刻々の流れ場が時間的に発展していく様子が再現される．このようにして得られた流れのシミュレーション結果を理解し解析する上で流体力学の基礎知識が必要不可欠となる．

　さて，代表長さ 1.5 m の自動車が代表速度 72 km/h で走行する場合，レイノルズ数は 2×10^6 であり，最小と最大の渦の長さスケールの比は，レイノルズ数の 3/4 乗に反比例するので，10^4 オーダーになる．したがって，最小の渦を分解する空間解像度で，最大の渦スケールの流れを3次元的に再現するためには 10^{12} オーダーの大規模なシミュレーションが必要なことがわかる．現実的には，小さな渦の影響をモデル化した流れの基礎方程式系を解くことによって流れのシミュレーションが行われているが，それでもCFDには高性能なコンピュータが求め

られる。よって，流体力学がかかわるさまざまな分野で世界最高水準のスーパーコンピュータを利用した CFD による研究が行われている。

コーヒーブレイク

キャビテーション流れ

下の図は2次元の縮小拡大流路に水が高速で流れているときの流路拡大部の流れの写真であり，黒く映っているのは気泡である。本章で学んだように，縮小拡大流路に液体が流れているとき，連続の式からのど部で流速が最も速くなる。このとき，ベルヌーイの式より流速が速くなるのに伴って圧力が下がり，液体の圧力が飽和蒸気圧まで低下したところで液体から気体への相変化が生じて，液体の流れの中で発泡現象が起こる。このような現象をキャビテーションと呼び，下図はキャビテーションに伴って発生した気泡の流れの中での様子を撮影したものである。

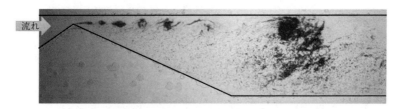

図　2次元縮小拡大流路に生じたキャビテーションの様子
（日本大学生産工学部機械工学科沖田研究室提供）

キャビテーション流れは，船舶のプロペラ周りの流れや流体を輸送する流体機械内の流れのほかにもさまざまなところで生じ，騒音，振動および材料損傷といった問題を引き起こす。また，水に限らず，油やロケットエンジンの燃料となる液体酸素や液体水素，水銀のような液体金属など，液体であればキャビテーションが発生し得る。

キャビテーションに伴って発生した気泡が激しく崩壊する際に局所的な高温・高圧力場が生じる。この高温・高圧力を水中の微生物の死滅や化学物質の分解といった水質浄化，超音波洗浄，材料の表面改質，医療といったさまざまな分野へ応用する技術開発が進められており，キャビテーションの有効利用のさらなる発展が期待されている。

4章 流体の運動方程式と運動量の法則

◆本章のテーマ
本章では，ニュートンの運動法則を基礎とする流体の運動方程式と運動量の法則について学ぶ．また，運動量の法則の応用として，流体が物体に与える力である流体力の計算方法についても学習する．

◆本章の構成（キーワード）
4.1 流体の運動方程式
　　ニュートンの運動法則，流体の加速度，粘性のない流体に働く力，オイラーの式
4.2 運動量の法則
　　運動量の保存則，流体に働く力，流体が物体に与える力（流体力）
4.3 運動量の法則の応用
　　垂直板や曲面板に働く力，航空宇宙推進機器の推力
4.4 角運動量の法則
　　角運動量の保存則，流体機械に働く回転力と動力

◆本章を学ぶと以下の内容をマスターできます
- 流体運動の基本
- 流体力が発生する要因
- 流体力の計算法
- 回転力の計算法

4.1 流体の運動方程式

重りや車といった剛体の運動のみでなく，流体のような連続体の運動に対してもニュートンの運動法則は成り立つ．流体の**運動方程式**（equation of motion）は下記に示す第 2 法則を基礎としたものである．

$$m\boldsymbol{\alpha} = \boldsymbol{F} \tag{4.1}$$

ここで，m は流体の質量であり，$\boldsymbol{\alpha}$ は流体に働く加速度のベクトル，$\boldsymbol{F}$ は流体に働く力のベクトルである．これらの各項を定式化することで流体の運動方程式が得られる．

まず，流体に働く加速度について考える．この流体に働く加速度については注意を要する．第 3 章で述べたように，流体力学においては特定の位置での流体運動に着目するオイラーの方法により流体を観測するのが便利である．この場合，流れが時間的に変化しない場合にも加速度が生じる．例えば，川が上流から下流に向かうにつれて，流れが遅くなることは容易に理解できよう．つまり，上流から下流に向かう途中で流体には加速度が働いているわけであるが，これは川幅の変化によるものであり，流れの時間的変化によるものではない．

この場合の加速度は，つぎのように考えることができる．**図 4.1** に示すような断面積の変化する流管に沿う流れを考えたとき，流路の断面積変化に伴い流体の速度が V から $V + \Delta V$ に変化したとする．加速度は単位時間当りの速度変化であるから，次式のようになる．

$$\alpha = \lim_{\Delta t \to 0} \frac{(V + \Delta V) - V}{\Delta t} = \lim_{\Delta t \to 0} \frac{\Delta V}{\Delta t}$$

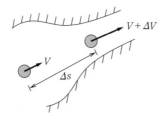

図 4.1 オイラーの方法での流れの加速度

ここで，この間の移動距離を Δs とし，流体が Δs だけ移動するのに要した時間を Δt とすれば，時間 Δt は Δs を速度 V で割ったもので置き換えられる。すなわち，単位時間当りの速度の変化（＝加速度 α）は次式のようになる。

$$\alpha = \lim_{\Delta s \to 0} \frac{\Delta V}{(\Delta s/V)} = \lim_{\Delta s \to 0} V \frac{\Delta V}{\Delta s} = V \frac{dV}{ds} \tag{4.2}$$

上式が，オイラーの方法における流線に沿った定常な流れに対する加速度であり，場所の移動に伴い発生する加速度を表している。

つぎに，質量 m は，図 4.2 に示すように流体が移動している流線 s 上において断面積 dA，長さ l の微小な円柱要素を考えると，円柱要素内の流体の密度を ρ として

$$m = \rho l dA \tag{4.3}$$

で表すことができる。

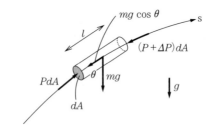

図 4.2 流線に沿う流れと微小な円柱要素に働く力

また，流体に働く力は，流体の粘性を考慮しない場合，圧力による力（全圧力）と重力のみである。図 4.2 に示すように，圧力による力は検査体積の両端に作用し，下流側が PdA，上流側が $(P+\Delta P)dA$ である。したがって検査体積に働く正味の力は $PdA - (P+\Delta P)dA = -\Delta P dA$ である。なお，ΔP は単位長さ当りの圧力の変化率を dP/ds とした場合，それに距離 l を掛けた値 $dP/ds \cdot l$ に等しくなる。重力は，重力加速度の流線方向成分を $g\cos\theta$ として $-mg\cos\theta = -\rho l dA\, g\cos\theta$ で表すことができる。したがって，流体に働く力は次式のようになる。

$$F = -\frac{dP}{ds} l dA - \rho l g \cos\theta\, dA \tag{4.4}$$

4.1 流体の運動方程式

式 (4.2)〜(4.4) を式 (4.1) に代入すると

$$\rho ldAV \frac{dV}{ds} = -\frac{dP}{ds}ldA - \rho lg\cos\theta\, dA$$

となり，ldA は各項に共通のため消去すると，最終的に

$$V\frac{dV}{ds} = -\frac{1}{\rho}\frac{dP}{ds} - g\cos\theta \tag{4.5}$$

が得られる。これが非粘性流体の流線に沿う定常流れでの運動方程式であり，**オイラーの式**（Euler's equation）という。

ちなみに，式 (4.5) を流線に沿って積分すると，第3章で出てきたベルヌーイの式が得られる。つまり，ベルヌーイの式は，流線に沿う流れに対する運動方程式の解そのものである。また，流線に沿った積分から得られることから，ベルヌーイの式は同一流線上においてのみ成り立つことがわかる。

例題 4.1

式 (4.5) を流線に沿って積分し，ベルヌーイの式を導出せよ。

解答

図 4.1 において，$\cos\theta = dz/ds$ の関係があるため，これを用いて式 (4.5) を変形すると下記のようになる。

$$V\frac{dV}{ds} = -\frac{1}{\rho}\frac{dP}{ds} - g\frac{dz}{ds}$$

上式を流れ方向 s に沿って積分すると

$$\int V dV = -\frac{1}{\rho}\int dP - g\int dz$$

となり，さらに各項での積分を実行すると

$$\frac{1}{2}V^2 = -\frac{1}{\rho}P - gz + C$$

すなわち

$$\frac{1}{2}\rho V^2 + P + \rho gz = C'$$

となり，ベルヌーイの式を得る。

コーヒーブレイク

ナビエ・ストークス方程式

　非圧縮性流体の運動を記述する方程式として，本章でオイラーの式を学んだ。この運動方程式は粘性の影響は考慮されていないので，粘性の影響がとても小さく無視できる場合に用いることができる。粘性の影響が無視できると，物体壁面に作用するせん断応力も無視できるため，流体力は圧力によってのみ生じることになる。一方で，現実には粘性の影響が大きい現象も多くあり，このような場合の流体の運動を記述する方程式として，オイラーの式と同様に，ニュートンの運動法則により導かれた**ナビエ・ストークス方程式**（Navier-Stokes' equation）がある。オイラーの式の左辺は質量×加速度の形で慣性力を表す項であり，右辺は外力の項と圧力の項で表されるが，ナビエ・ストークス方程式の右辺はそれに加えて粘性力の項がある。外力は重力や遠心力，電磁気力などのように，直接質量に作用する力であり，体積力あるいは質量力と呼ばれる。圧力および粘性力は物体の表面に作用する力であり，面積力と呼ばれる。慣性力，圧力，外力，粘性力を表す項はそれぞれ対流項，圧力項，外力項，粘性項（拡散項）と呼ばれ，非定常な流れの場合は左辺に時間に関する項である非定常項（時間項）がある。

$$\text{オイラーの式：} \quad \rho V \frac{dV}{ds} = -\frac{dP}{ds} - \rho g \cos\theta \quad (4.5)'$$
$$（慣性力）＝（圧力）＋（外力）$$

$$\text{ナビエ・ストークス方程式：} \quad \rho V \frac{dV}{ds} = -\frac{dP}{ds} - \rho g \cos\theta - \mu \frac{d^2 V}{ds^2}$$
$$（慣性力）＝（圧力）＋（外力）＋（粘性力）$$

　ナビエ・ストークス方程式は非線形な方程式であるため，一般の流れに対する解析的な解を得るのは難しく，解析解が求められているのは平行平板間の流れと円管内の流れについてだけである。

　ここで，流れ場の代表的な長さおよび流速をそれぞれ，L，Uとすると，時間のスケールはL/Uで表され，圧力と重力加速度の代表値はそれぞれ，ρU^2，U^2/Lと表されるので，これらを用いて各項の物理量は以下のように無次元化することができる。

$$s^* = \frac{s}{L}, \quad V^* = \frac{V}{U}, \quad P^* = \frac{P}{\rho U^2}, \quad g^* = \frac{Lg}{U^2}$$

　これらの無次元量により上のナビエ・ストークス方程式を変形すると，次式が得られる。これより，レイノルズ数Reが大きいと粘性力の項の寄与が小さくなり，外力が関与せずに外力の項が無視できる場合では二つの流れではレイノルズ数Reを合わせれば力学的に相似になることがわかる（p.143のコーヒーブレイクを参照）。これは6.1節の相似則における内容と一致する。

$$V^* \frac{dV^*}{ds^*} = -\frac{dP^*}{ds^*} - \frac{L}{U^2} g^* \cos\theta - \frac{1}{Re} \frac{d^2 V^*}{ds^{*2}}$$

4.2 運動量の法則

4.2.1 運動量の法則

ニュートンの運動法則の第2法則における加速度ベクトル $\boldsymbol{a}$ を速度ベクトル $\boldsymbol{V}$ で表すと

$$m\frac{d\boldsymbol{V}}{dt} = \boldsymbol{F} \tag{4.6}$$

となるが，式 (4.6) を時間について積分（時間 Δt）すると次式のようになる。

$$m(\boldsymbol{V}_2 - \boldsymbol{V}_1) = \boldsymbol{F}\Delta t \tag{4.7}$$

これが力学における**運動量の法則**（momentum theorem）であり，"運動量の変化は力積に等しい"ことになる。

また，式 (4.7) を時間 Δt で割ると（添字1：初めの状態，添字2：後の状態）

$$\frac{m}{\Delta t}(\boldsymbol{V}_2 - \boldsymbol{V}_1) = \boldsymbol{F} \tag{4.8}$$

となるがこれも同じく運動量の法則であり，この場合は"単位時間当りの運動量の変化は受ける力に等しい"ことになる。

流体力学においては式 (4.8) に基づく運動量の法則を用いるのが便利である。いま，図 4.3 に示すような流管に沿う流量 Q の流れを考えると，力 $\boldsymbol{F}$ は流体が周りから受ける力（圧力や管壁などから）の合計を意味する。また，時間 Δt の間に流管で流入出する質量 m は，$m = \rho Q \Delta t$ で表すことができるので

$$\frac{m}{\Delta t} = \rho Q \tag{4.9}$$

となる。式 (4.9) を式 (4.8) に代入すると，次式が得られる。ただし，添字1, 2は同一時刻での値である（定常流の場合）。

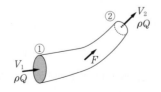

図 4.3 流管に沿う流れと運動量の法則

$$\rho Q(\boldsymbol{V_2} - \boldsymbol{V_1}) = \boldsymbol{F} \tag{4.10a}$$

式 (4.10a) が流体力学で用いる運動量の法則である．また，式 (4.10a) をデカルト座標の各成分で表すと次式のようになる．

$$\begin{cases} \rho Q(u_2 - u_1) = F_x \\ \rho Q(v_2 - v_1) = F_y \\ \rho Q(w_2 - w_1) = F_z \end{cases} \tag{4.10b}$$

式 (4.10) は，流管内で考えた検査体積（上流側の断面を 1，下流側の断面を 2 とする）での流体の流入出に着目した場合

（流出運動量）−（流入運動量）＝（流体が受ける力）

の関係があることを意味しており，"断面 2 と断面 1 で流体の持つ運動量の差"から"流体が周りから受ける力"が求められることになる．さらに，ニュートンの運動法則の第 3 法則である作用・反作用の法則を適用すると"流体が周りから受ける力"にマイナスを付けたものが"流体が周り（物体）に与える力（流体力）"であることになる．流体力学ではこの関係を用いて"流体が物体に与える力"を求めるのである．

運動量の法則もニュートンの運動法則の第 2 法則を基礎としているため，ベルヌーイの式とは異なる形態の流体の運動方程式の表現と考えることができる．ベルヌーイの式が，流線に沿う流れに対する速度と圧力の関係を与える式であるのに対し，運動量の法則は流体の速度と流体力の関係を与える式なのである．

4.2.2 管路系に対する運動量の法則の一般式

式 (4.10) を管路系に適用することで管路系に対する運動量の法則の一般式を得ることができる．この時，流路を含む任意の部分（管壁上など）に検査体積を設け，検査体積での運動量の出入りに着目する．これにより検査体積内の流体に働く力を求めることができる．管路系に運動量の法則を適用する際に注意しなければならないのは，圧力 P にはゲージ圧を用いるべきであるという点である．そうしないと，管壁の外周部に作用する大気圧による力も考慮しなければならなくなり，取り扱いが煩雑化して間違いが起こりやすくなってしまう．

4.2 運動量の法則

ここでは，図 **4.4** に示す曲がり管路を例にとって説明する．図は曲がり管路に沿う非粘性流体の流れとその管路系に働く力を表したものである．検査体積は管路に沿った任意の領域で考え，検査体積両端における運動量の出入りと検査体積内の流体に働く力に着目する．D' は流体が曲がり管路の管壁から受ける力であり，式 (4.10) における流体が周りから受ける力 F は，D' と断面に働く圧力による力 PA，および管路内の流体に働く重力 mg の合計である．この場合も，圧力 P はゲージ圧である．

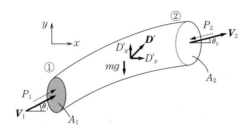

図 **4.4** 曲がり管路に沿う流れと管路に働く力

この場合の流れは 2 次元と考えられるので，x, y 方向での運動量の出入りと検査体積内の流体に働く力を考える．運動量の変化は次式のようである．

x 方向： $\rho Q(u_2 - u_1) = \rho Q(V_2 \cos\theta_2 - V_1 \cos\theta_1)$ (4.11a)

y 方向： $\rho Q(v_2 - v_1) = \rho Q(V_2 \sin\theta_2 - V_1 \sin\theta_1)$ (4.11b)

また，検査体積内の流体が受ける力は次式のように表すことができる．

x 方向： $F_x = P_1 A_{1x} - P_2 A_{2x} + D'_x$
$\qquad\qquad = P_1 A_1 \cos\theta_1 - P_2 A_2 \cos\theta_2 + D'_x$ (4.12a)

y 方向： $F_y = P_1 A_{1y} - P_2 A_{2y} + D'_y - mg$
$\qquad\qquad = P_1 A_1 \sin\theta_1 - P_2 A_2 \sin\theta_2 + D'_y - mg$ (4.12b)

運動量の法則を適用するため，式 (4.11)，(4.12) を式 (4.10b) に代入すると最終的に次式が得られる．

x 方向： $\rho Q(V_2 \cos\theta_2 - V_1 \cos\theta_1)$
$\qquad\qquad = P_1 A_1 \cos\theta_1 - P_2 A_2 \cos\theta_2 + D'_x$ (4.13a)

y 方向： $\rho Q(V_2 \sin\theta_2 - V_1 \sin\theta_1)$

$$= P_1 A_1 \sin\theta_1 - P_2 A_2 \sin\theta_2 + D'_y - mg \qquad (4.13b)$$

この式 (4.13) が，曲がり管路に対する運動量の法則の一般式である。なお，ゲージ圧を用いた場合には，大気解放系では $P_1 = P_2 = 0$ となり，圧力の項は省略することができる。また，重力の影響も通常は無視される場合が多い。

例題 4.2

図 4.5 に示すノズル管に働く流体力 D_x を求めよ。

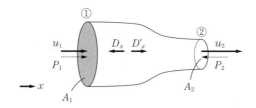

図 4.5　ノズル管に沿う流れと管路に働く力

解答

検査体積はノズルの出入り口に沿って考え，この部分での運動量の出入りと流体に働く力に着目する。D' は流体がノズル管壁から受ける力であり，式 (4.10) における流体が周りから受ける力 F は，D' と断面に働く圧力による力 PA の合計である。また，前述の通り圧力 P にはゲージ圧を用いる。

この場合の流れは 1 次元と考えられるので，式 (4.10b) より
$$\rho Q(u_2 - u_1) = F_x = P_1 A_1 - P_2 A_2 + D'_x$$
となる。これより，流体が管壁から受ける力 D'_x は
$$D'_x = \rho Q(u_2 - u_1) - P_1 A_1 + P_2 A_2$$
となる。また，管壁が流体から受ける流体力 D_x は作用・反作用の法則から
$$D_x = -D'_x = \rho Q(u_1 - u_2) + P_1 A_1 - P_2 A_2$$
となる。

4.3　運動量の法則の応用

運動量の法則により，さまざまな流れにおける流体力を求めることができ

る。本節では，その代表的なものを列挙する。

4.3.1 曲面板に衝突する自由噴流

〔1〕 **曲面板が静止している場合**　曲面板では噴流の流れ方向（x 方向）の力に加え，流れに垂直方向（y 方向）の力が発生する。

図 **4.6** に示すように断面積 A の自由噴流が曲面板に衝突している場合の流体力を考える。ここで，自由噴流は曲面板に衝突後も断面積 A と噴流速度は変化しないと仮定する。この場合も，検査体積は噴流が曲面板に衝突する前後で考えるのがよい。このときの圧力（ゲージ圧）は，検査体積の入口と出口で大気に接しているため $P_1 = P_2 = 0$ である。

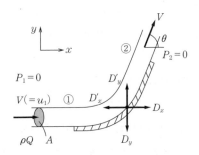

図 **4.6** 静止した曲面板に衝突する流れ

上述の条件の下に運動量の法則の式 (4.10b) を適用すると

x 方向：　$\rho Q(u_2 - u_1) = F_x = D'_x$

y 方向：　$\rho Q(v_2 - v_1) = F_y = D'_y$

となる。つまり，流体が周りから受ける力は，すべて管壁から受けるものである。また，検査体積入口での流速を $u_1 = V$, $v_1 = 0$ とすると，出口での流速は $u_2 = V\cos\theta$, $v_2 = V\sin\theta$ であるので，結局次式のようになる[†]。

x 方向：　$\rho Q(V\cos\theta - V) = D'_x$ 　　　　　　　　　(4.14a)

[†] 式 (4.14) は，4.2.2 項の曲がり管路に対する運動量の法則の一般式（式 (4.13)）において，重力の影響を無視し，$\theta_1 = 0°$, $\theta_2 = \theta$ および $P_1 = P_2 = 0$ とし，さらに $V_1 = V_2 = V$ とすることでも得ることができる。

y 方向： $\rho Q(V \sin \theta) = D'_y$ (4.14b)

また，噴流が垂直板に与える力 D_x, D_y は，作用・反作用の法則より

x 方向： $D_x = -D'_x = \rho Q V(1 - \cos \theta) = \rho A V^2 (1 - \cos \theta)$ (4.15a)

y 方向： $D_y = -D'_y = -\rho Q V (\sin \theta) = -\rho A V^2 (\sin \theta)$ (4.15b)

となる。

D_x は正の値，D_y は負の値であることから，曲面板は噴流の流れ方向に対し斜め下方の力を受けることがわかり，その大きさは $D = \sqrt{D_x{}^2 + D_y{}^2}$ である。

〔2〕 **曲面板が移動している場合** この問題は初めから式で追うよりも現象を単純にとらえた方が理解しやすい。曲面板に働く力は，曲面板から見てどのぐらいの運動量が流入するかによって決まる。例えば，曲面板に向かう 30 m/s の噴流があり，同時に曲面板が 10 m/s で噴流から逃げているとすると，曲面板からみると 20 m/s の噴流が向かってくるのと同じである。したがって，この場合の答えは曲面板に向かう噴流の相対速度 20 m/s を式 (4.14) または式 (4.15) に代入すればよいことになる。

図 **4.7** に示すように曲面板が噴流方向に逃げる速度を U とすると，曲面板に流入する噴流の速度は V から相対速度 $V' = (V - U)$ に変わり，流量も Q から $Q' = A(V - U)$ に変化する。

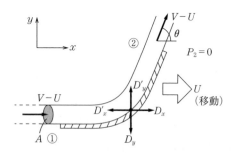

図 **4.7** 移動する曲面板に衝突する流れ

したがって，流体が曲面板から受ける力は次式のようになる。

x 方向： $\rho Q'(V' \cos \theta - V') = D'_x$ (4.16a)

y 方向：　　$\rho Q'(V' \sin \theta) = D'_y$ 　　　　　　　　　(4.16b)

また，噴流が曲面板に与える力 D_x, D_y は，作用・反作用の法則より

x 方向：　　$D_x = -D'_x = \rho Q'V'(1 - \cos \theta)$
　　　　　　　　　$= \rho A(V - U)^2(1 - \cos \theta)$ 　　　　　(4.17a)

y 方向：　　$D_y = -D'_y = -\rho Q'V'(\sin \theta) = -\rho A(V - U)^2(\sin \theta)$
　　　　　　　　　　　　　　　　　　　　　　　　　　　　　　(4.17b)

となる。

例題 4.3

図 4.8 に示すように断面積 A の自由噴流が垂直板に衝突している。直板が静止および移動している場合での流体が垂直板に与える流体力 D_x を求めよ。

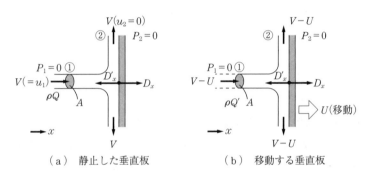

（a）静止した垂直板　　　　（b）移動する垂直板

図 4.8　静止した垂直板に衝突する流れと移動する垂直板に衝突する流れ

解答

垂直板が静止している場合：　基本的な考え方は曲面板と同じであり，異なるのは垂直板では噴流の流れ方向（x 方向）のみに力が発生する点である。この場合，検査体積は噴流が垂直板に衝突する前後で考えるのがよい。運動量の法則の式 (4.10b) を適用すると

$$\rho Q(u_2 - u_1) = F_x = P_1 A_1 - P_2 A_2 + D'_x$$

となる。このときの圧力（ゲージ圧）は，検査体積の入口と出口で大気に接しているため $P_1 = P_2 = 0$ である。また，出口での x 方向流速は $u_2 = 0$ であるの

で，結局次式のようになる[†]。

$$-\rho Q u_1 = D'_x$$

また，噴流が垂直板に与える力 D_x は，作用・反作用の法則より

$$D_x = -D'_x = \rho Q u_1 = \rho A u_1^2 \tag{4.18}$$

となる。D_x は正の値であることから，垂直板は噴流の流れ方向に力を受けることがわかる。

垂直板が移動している場合： この場合も基本的な考え方は曲面板と同じである。したがって，垂直板へ流入する噴流の相対速度に着目すればよい。

垂直板が噴流方向に逃げる速度を U とすると，垂直板に流入する噴流の速度は u_1 から相対速度 $u_1' = (u_1 - U)$ に変わり，流量も Q から $Q' = A(u_1 - U)$ に変化する。

したがって，流体が垂直板から受ける力は次式のようになる。

$$-\rho Q' u_1' = D'_x$$

また，噴流が垂直板に与える力 D_x は，作用・反作用の法則より

$$D_x = -D'_x = \rho Q' u_1' = \rho A (u_1 - U)^2 \tag{4.19}$$

となる。

4.3.2　タンクからの自由噴流

図 **4.9** に示すようにタンク下部に設けた断面積 A の穴から水が噴出している際にタンクが受ける流体力を考える。この場合，検査体積はタンクの出入口間で考えるのがよい。このときの圧力（ゲージ圧）は，検査体積の入口と出口

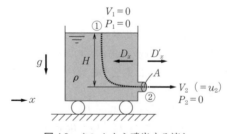

図 **4.9**　タンクから噴出する流れ

[†] この式は 4.2.2 項の曲がり管路に対する運動量の法則の一般式（式(4.13a)）において，$\theta_1 = 0°$, $\theta_2 = 90°$ および $P_1 = P_2 = 0$ とし，さらに $V_1 = u_1$ とすることでも得ることができる。

で大気に接しているため $P_1 = P_2 = 0$ である．また，タンク入口での流速は $u_1 = 0$ と考えることができ，タンク出口での流速はベルヌーイの式より，$u_2 = \sqrt{2gH}$ （トリチェリの定理）である．上述の条件の下に運動量の法則の式 (4.10b) を適用すると

$$\rho Q(u_2 - u_1) = \rho Q(u_2 - 0) = F_x = D'_x \tag{4.20}$$

となる．すなわち，流体がタンクより受ける力は

$$D'_x = \rho Q u_2 = \rho A u_2{}^2 = 2\rho g A H \tag{4.21}$$

であり，噴流がタンクに与える力 D_x は，作用・反作用の法則より

$$D_x = -D'_x = -2\rho g A H \tag{4.22}$$

となる．D_x は負の値であることから，タンクは噴流と反対方向の力を受けることがわかる．

4.3.3 航空宇宙推進機器の推力

〔1〕 ジェットエンジン 　図 **4.10** に示すように，ジェットエンジンでは，断面積 A_{in} の吸気口から密度 ρ_{in}，速度 V_{in} の空気流を吸入し，断面積 A_{out} の排気口から密度 ρ_{out} の燃焼ガスを速度 V_{out} で噴出させている．したがって，運動量の法則において出入口での密度変化に対する考慮が必要になる．このとき，検査体積はジェットエンジンの外周にとり，圧力を $P_1 = P_2 = 0$ と仮定する．この条件の下に運動量の法則を適用すると

$$\rho_{out} Q_{out} V_{out} - \rho_{in} Q_{in} V_{in} = \rho_{out} A_{out} V_{out}{}^2 - \rho_{in} A_{in} V_{in}{}^2 = F_x = D'_x \tag{4.23}$$

となる．

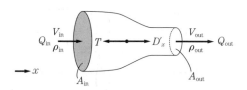

図 **4.10** 　ジェットエンジンから流入出する流れ

すなわち，ジェットエンジンの**推力** (thrust) T は，作用・反作用の法則より

$$T = D_x = -D'_x = \rho_{in}A_{in}V_{in}^2 - \rho_{out}A_{out}V_{out}^2 \tag{4.24}$$

となる。

〔2〕 **ロケットエンジンの推力** 図 **4.11** に示すように，ロケットエンジンでは吸気口の断面積 $A_{in} = 0$ であり，断面積 A_{out} の排気口から密度 ρ_{out} の燃焼ガスを速度 V_{out} で噴出させている。このとき，検査体積はロケットエンジンの外周にとり，圧力を $P_1 = P_2 = 0$ と仮定する。この条件の下に運動量の法則を適用すると

$$\rho_{out}Q_{out}V_{out} = \rho_{out}A_{out}V_{out}^2 = F_x = D'_x \tag{4.25}$$

となる。

すなわち，ロケットエンジンの推力 T は，作用・反作用の法則より

$$T = D_x = -D'_x = -\rho_{out}A_{out}V_{out}^2 \tag{4.26}$$

となる。

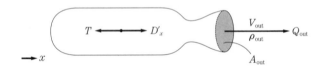

図 **4.11** ロケットエンジンから噴出する流れ

例題 4.4

図 **4.12** に示すように，プロペラにより速度 U の一様流がその下流で $U + \Delta U$ に増速される。この場合，プロペラにより得られる推力 T はいくらか。

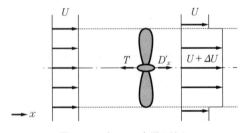

図 **4.12** プロペラを通る流れ

解答

この場合は，プロペラの前後でかつプロペラ外周に接するように検査体積を考えるのがよい．このときの圧力（ゲージ圧）は，検査体積の入口と出口で大気に接しているため $P_1 = P_2 = 0$ である．この条件の下に運動量の法則の式 (4.10b) を適用すると

$$\rho Q (u_2 - u_1) = \rho Q \{(U + \Delta U) - U\} = \rho Q \Delta U = F_x = D'_x$$

となる．

すなわち，プロペラの推力 T は，作用・反作用の法則より

$$T = D_x = -D'_x = -\rho Q \Delta U$$

となる． ∎

4.4 角運動量の法則

ニュートンの運動法則の第 2 法則における加速度ベクトル $\boldsymbol{\alpha}$ を速度ベクトル $\boldsymbol{V}$ で表すと式 (4.6) のようになるが，この両辺に距離ベクトル $\boldsymbol{r}$ を外積し，変形すると次式のようになる．

$$\frac{d}{dt}(\boldsymbol{r} \times m\boldsymbol{V}) = \boldsymbol{r} \times \boldsymbol{F} = \boldsymbol{T}_R \tag{4.27}$$

これが力学における**角運動量の法則**（angular momentum theorem）であり，ベクトル $\boldsymbol{T}_R$ は**回転力**（torque）である．式 (4.27) を時間 Δt について積分し，さらに式 (4.9) の関係を用いると

$$\rho Q(\boldsymbol{r}_2 \times \boldsymbol{V}_2 - \boldsymbol{r}_1 \times \boldsymbol{V}_1) = \boldsymbol{T}_R \tag{4.28a}$$

となる．

また，これをスカラ量で表せば

$$\rho Q(r_2 V_{t2} - r_1 V_{t1}) = T_R \tag{4.28b}$$

となる．ここで，速度 V の添え字 t は図 **4.13** に示すように半径 r に直交する速度成分であることを示す．式 (4.28) は，流路内で考えた検査体積（上流を 1，下流側を 2 とする）での流体の流入出に着目した場合

（流出角運動量）－（流入角運動量）＝（流体が受ける回転力）

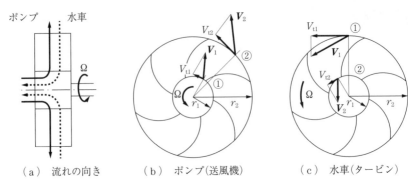

図 4.13 流体機械内の流れ

の関係があることを意味している。

ニュートンの運動法則の第3法則である作用・反作用の法則を適用すると"流体が受ける回転力"にマイナスを付けたものが"物体(流体機械)が流体から受ける回転力"であることになる。回転力 T_R は，ポンプでは流体が回転力を受けるため正の値をとり，水車では流体が回転力を与えるため負の値をとる。

なお，流体機械の動力 (power) L は回転力 T_R に回転速度 Ω を掛けることにより次式のように得られる。

$$L = T_R \Omega = \rho Q \Omega (r_2 V_{t2} - r_1 V_{t1}) \tag{4.29}$$

すなわち，流体機械の出入口の速度がわかれば軸に作用する回転力や動力が求まることになり，流体機械の作動原理の基本となる。

角運動量の法則もニュートンの運動法則の第2法則を基礎としているため，ベルヌーイの式や運動量の法則とは異なる形態の流体の運動方程式の表現と考えることができる。角運動量の法則は回転体の流体速度と回転力の関係を与える式なのである。

例題 4.5

図 4.13 に示すポンプにおいて，流体は回転成分なしでポンプに流入するよう設計されているものとする。ポンプが角速度 Ω で回転しており，体積流量 Q の流体が流れている場合，ポンプの動力 L はいくらになるか。

解答

ポンプ入口の回転方向の速度成分 $V_{t1} = 0$ であるため，式 (4.28b) より

$\rho Q r_2 V_{t2} = T_R$

よって，ポンプの動力 L は

$L = T_R \Omega = \rho Q V_{t2} r_2 \Omega$

また，特に羽根車出口から半径方向に流出する場合（羽根角度 90°）には，ポンプ出口の回転方向成分は $V_{t2} = r_2 \Omega$ で与えられるため

$L = \rho Q r_2^2 \Omega^2 = \rho Q V_{t2}^2$

となる。

演習問題

〔**4.1**〕 内径 15 mm のノズルから，水が 20 m/s の速度で噴出している。これを静止している平らな壁（重力方向に垂直）に直角に当てるとき，壁にはどれほどの力が作用するか。

〔**4.2**〕 問〔4.1〕において，壁が流れ方向に 10 m/s で移動している場合，壁に作用する力はいくらか。

〔**4.3**〕 問〔4.1〕と同じ水の噴出条件において，問図 4.1 のように平板が $\theta = 60°$ で斜めに傾いている場合，壁に作用する力の噴流方向成分 D_0 はいくらか。

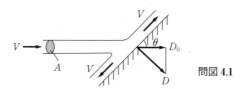

問図 4.1

〔**4.4**〕 問〔4.1〕と同じ水の噴出条件において，問図 4.2 のように壁が水平上向きである場合，ノズルの位置を $h = 1$ m とすると，壁に作用する力はいくらか。

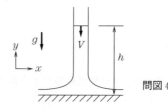

問図 4.2

〔**4.5**〕 問〔4.1〕と同じ水の噴出条件において，問図 **4.3** のように壁が水平下向きである場合，ノズルの位置を $h = 1\,\mathrm{m}$ とすると，壁に作用する力はいくらか．

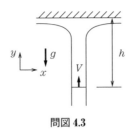

問図 **4.3**

〔**4.6**〕 図 4.6 において，直径 $d = 20\,\mathrm{mm}$ の水噴流（断面は円形）が速度 $V = 10\,\mathrm{m/s}$ で曲面板に衝突し，流速を変えずに方向を $\theta = 30°$ 変化させて流出しているとする．曲面板が静止している場合に，噴流方向に受ける力 D_x と垂直方向に受ける力 D_y はいくらか．

〔**4.7**〕 問〔4.6〕において，図 4.7 のように曲面板が流れ方向に $U = 5\,\mathrm{m/s}$ で移動している場合，噴流方向に受ける力 D_x と垂直方向に受ける力 D_y はいくらになるか．

〔**4.8**〕 問図 **4.4** に示すように貯水タンクに水が満たされている．このタンクの水面から $H = 5\,\mathrm{m}$ の側壁に直径 $d = 50\,\mathrm{cm}$ の穴をあけて水を流出する（諸損失は考慮しないものとする）．この際に噴流によりタンクが受ける力はいくらか（水の噴出方向を正とする）．

問図 **4.4**

〔**4.9**〕 ウォータージェットを下方に向けて噴出させると水上で体を空中に浮遊させることができる．ウォータージェットを直径 $10\,\mathrm{cm}$ の二つのノズルから噴出させたとき，ウォータージェットの装置を含めて重さ $80\,\mathrm{kg}$ の人が空中に浮くために必要な流量はいくらか．

〔**4.10**〕 時速 $500\,\mathrm{km/h}$ で飛行しているジェット機のエンジンから質量流量 $1.8\,\mathrm{kg/s}$ の空気が相対速度 $600\,\mathrm{m/s}$ で排出されている．このとき，ジェットエンジンの推力はいくらか．

〔**4.11**〕 問図 **4.5** に示すスプリンクラーに流量 Q の水を供給し，スプリンクラーに対する相対速度 V で放出させている．このとき，① スプリンクラーを手で止めて固

演 習 問 題

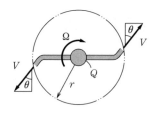

問図 4.5

定した場合に発生する回転力はいくらか。② スプリンクラーから手を放した際の回転速度はいくらか（スプリンクラーでの諸損失は考慮しない）。

コーヒーブレイク

噴 流

　水の噴流は大きな流体力を発生させることができるため，材料の切断や歯科での歯垢の除去などに用いられている。また，伝熱性能も良好であり，製鉄所での溶融した鉄の圧延過程での冷却用にも利用されている。また，噴流は空気を用いた場合での伝熱性能も良好である。図のように，ノズルから伝熱面に対して高速気流を流すと大きな伝熱性能が得られる。このため，空気噴流は発熱量が大きい発熱体の局所冷却に好適である。特に，下図のような四角錐を用いた場合の空気噴流での伝熱性能は，平滑面の空気噴流の約3～4倍という非常に大きな値になる。これは，四角錐の側壁に沿う流れが，剥離することなくスムーズに流れたためと考えられる（ちなみに，平滑面と四角錐での表面積の差は約15％である）。このように，流れをうまく制御することにより，物体表面での冷却を大きく促進させることができる。

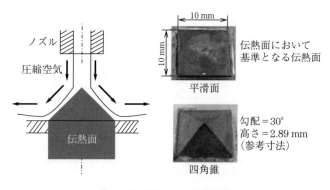

図　空気噴流による局所冷却
（日本大学生産工学部機械工学科松島研究室提供）

5章 管内流れと損失

◆本章のテーマ

　流体を輸送するとき円管などの管路が用いられるため，管路内流れは工学的に重要なテーマである．配管設計やポンプなどを選定するには，流れ状態の予測やエネルギー損失の見積もりが必要となる．本章では，円管内流れの状態，速度分布，圧力損失，管路におけるエネルギー保存，管路系の流量と水動力の見積もりについて解説する．

◆本章の構成（キーワード）

5.1　管内流れの特性
　　　層流と乱流，助走空間と発達領域，臨界レイノルズ数，流体粘性とせん断応力，摩擦抵抗と圧力損失，ダルシー・ワイスバッハの式，管摩擦係数
5.2　発達した円管内層流
　　　速度分布，せん断応力，流量の式，ハーゲン・ポアズイユの式，管摩擦係数
5.3　発達した円管内乱流
　　　乱流構造と速度分布，圧力損失，滑らかな管，完全粗い管，相対粗さ，管摩擦係数，ムーディ線図
5.4　管摩擦損失と流量の計算
　　　円管における圧力損失，円管の流量，非円形断面管路の摩擦損失
5.5　管路系における諸損失
　　　急拡大管，急縮小管，各種管路入口，広がり管，ベンド，エルボ，バルブ，分岐管と合流管
5.6　管路系の総損失とエネルギーの保存
　　　総損失，修正ベルヌーイの式，管路の流量，流体輸送動力，管路網流量配分

◆本章を学ぶと以下の内容をマスターできます

- 管内流れの状態とその特性
- 発達した円管内層流と乱流の速度分布，摩擦損失，ムーディ線図の使い方
- 各種管路要素による局所損失の求め方
- 管路総損失と管路流量の計算，流体の輸送に必要な動力の見積もり

5.1 管内流れの特性

5.1.1 層流と乱流および流れの遷移

粘性を持つ実在流体が管内を流れるとき，流体と接する壁面にせん断応力が作用する．また，流体の速度が一様でない場合には，流体の内部でも粘性によるせん断応力が働く．これらのせん断応力の大きさによって，管内を流れる流体の状態が異なる．

レイノルズ (Osborne Reynolds) は，図 5.1(a) に示すように，水を入れた水槽に細長いガラス管を取り付け，栓を開いて管の中に水を流し，管入口部から着色溶液を注入して流れの状態を観察した．その結果，円管内流体の速度がごく遅いときは図 5.1(b) の ① に示すように着色溶液が直線状になって流れ，明瞭に見える．このように，隣り合った流体の部分は混合することもなく秩序正しく層状に動き，その流線が規則正しい形を持つ流れを**層流**（laminar flow）という．

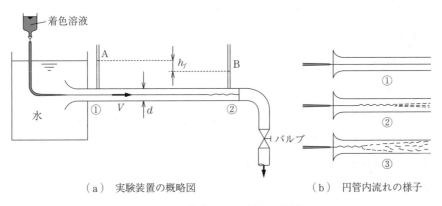

(a) 実験装置の概略図　　(b) 円管内流れの様子

図 5.1　円管内のおける流れの状態

管内の水の速度を増加すると，管内の着色溶液は直線状にならず，図(b)の ② に示すように曲がって流れ，下流側では色素の動きは乱れ始める．さらに，管内の水の速度を増加していくと，図(b)の ③ のように管の入口から少し下流側で着色溶液は管の全体に広がり，水と混合する．流速をさらに高めると，

着色溶液の広がり位置が管入口に近づく。このように，流れの局所が空間的にも時間的にも不規則な変動，すなわち，乱れを示す流れの状態を**乱流**（turbulent flow）という。乱流中の任意点において，**図5.2**に示すように，速度が時間的に不規則的に変動するため，瞬時速度 u，v は，時間平均速度 $\bar{u}$，$\bar{v}$ と不規則な変動速度 u'，v' の和で表される。

$$\begin{cases} u = \bar{u} + u' \\ v = \bar{v} + v' \end{cases} \tag{5.1}$$

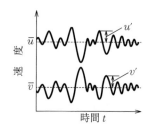

図5.2 乱流の平均速度 $\bar{u}$，$\bar{v}$ と変動速度 u'，v'

レイノルズの実験より，円管内流れの状態は，流体の密度 ρ，粘度 μ と円管内断面平均速度 V に左右され，次式で定義される**レイノルズ数**（Reynolds number）Re によって定まる。

$$Re = \frac{\rho dV}{\mu} = \frac{Vd}{\nu} \tag{5.2}$$

すなわち，レイノルズ数がある値 Re_c より小さければ円管内流れは層流となり，逆に Re_c より大きければ流れは乱流となる。流れが層流から乱流へ移り変わることを**流れの遷移**（transition）といい，このときのレイノルズ数 Re_c を**臨界レイノルズ数**（critical Reynolds number），その平均速度 V_c を**臨界速度**（critical velocity）という。

臨界レイノルズ数は，流れの中に存在する微小な乱れ（撹乱，perturbation）の大きさに影響される。流れの撹乱をできる限り小さく工夫すれば，臨界レイノルズ数を高くすることができる。しかし，あるレイノルズ数以下では，いかに撹乱を与えても，この撹乱は次第に減衰して乱流へ遷移することがなく，層流に保たれる。このように流れに撹乱を与えても層流が保持される最

高のレイノルズ数を**低臨界レイノルズ数**（lower critical Reynolds number）という。円管内流れの場合，通常，低臨界レイノルズ数は $Re_c \cong 2\,300$ であり，レイノルズ数 $Re \leq 2\,300$ であれば，いかなる撹乱に対しても層流の状態となる。

一例として，円管内 20 ℃ の水が流れる場合，臨界レイノルズ数は $Re_c \cong 2\,300$ であり，円管の直径が 10 mm の細い管でもその臨界平均流速は $V_c = 0.23$ m/s 程度の低い流速となる。したがって，水や空気を輸送する工業的な管路では流れの状態はほとんど乱流であるといえる。

5.1.2 助走区間と助走距離

大きな容器から円管内に流入する流れは，下流にいくにつれて管路断面の速度分布が変わっていくが，発達した速度分布になるには一定の距離が必要であり，その距離のことを**助走距離**（inlet length）という。図 5.3 に示すように，入口部ではほぼ一様な速度分布（A）であるが，管内に流入すると管壁からの外部摩擦を受け，壁面近傍の流速が低下する。この壁面の影響が管中心部へと徐々に伝わり，円管内流れの速度分布（B）は徐々に変わっていく。壁面の影響が管中心部に達すると，それ以降の断面速度分布（C-D）は軸方向にほぼ変化しなくなる。

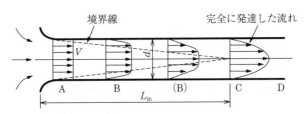

図 **5.3** 円管内流れの助走空間と発達領域

図 5.3 の A-C 区間を**助走区間**（inlet region）または**入口区間**（entrance region）といい，C 以降の領域を**完全に発達した流れ**（fully developed flow）の領域という。助走距離を L_{in} で表し，一般的に次式で与えられる。

層流では　　　$L_{in} \approx (0.06 \sim 0.065) Re \cdot d$ 　　　　　(5.3)

乱流では　　　$L_{in} \approx (25 \sim 40)d$ 　　　　　　　　　　(5.4)

ここで，dは管の直径，Reはdで定義したレイノルズ数である。

5.1.3　流体摩擦とせん断応力

実在する流体はすべて粘性を持ち，流体が固体表面に沿って流れる場合，またはこの流体中を固体が運動する場合には，固体と流体の間には粘性によるせん断応力τ_wが働き，固体表面上に付着する流体の相対速度はゼロとなる。また，速度こう配のある流体内部においても，粘性によって流体間にせん断応力が働く。この現象を**流体摩擦**（fluid friction）という。流体と壁面との間に作用するせん断応力は，**外部摩擦**（external friction），流体と流体の間に働くせん断応力は**内部摩擦**（internal friction）という。

層流と乱流において，流体粒子の運動様相に差異があるため，流体摩擦の機構が異なる。層流におけるせん断応力τは，**ニュートンの粘性法則**（Newton's law of friction）より次式で与えられる。

$$\tau = \mu \frac{du}{dy} \tag{5.5}$$

ここで，比例定数μは流体の粘度（第1章参照），du/dyは速度勾配である。

乱流においては，流れの乱れを表す変動速度により流体摩擦が変わるので，一般的にせん断応力は次式で表される。

$$\tau = \mu \frac{d\bar{u}}{dy} + (-\rho \overline{u'v'}) \tag{5.6}$$

ここで，$d\bar{u}/dy$は時間平均速度の勾配，ρは流体密度，u'，v'はそれぞれ流れ方向xおよびその垂直方向yにおける変動速度成分である。右辺第2項$-\rho\overline{u'v'}$を**レイノルズ応力**（Reynolds stress）といい，流れの乱れによる抵抗の大きさを表す。ブジネスク（J. Boussinesq）は，粘性せん断応力との類推から，レイノルズせん断応力を時間平均速度勾配に比例すると仮定し，次式で表した。

5.1 管内流れの特性

$$\tau_{\mathrm{t}} = -\rho\overline{u'v'} = \mu_{\mathrm{t}}\frac{d\overline{u}}{dy} = \rho\nu_{\mathrm{t}}\frac{d\overline{u}}{dy} \tag{5.7}$$

ここで，μ_{t} を**渦粘度**（eddy viscosity），$\nu_{\mathrm{t}}(=\mu_{\mathrm{t}}/\rho)$ を**渦動粘度**（eddy kinematic viscosity）という。ν_{t} は物性値ではなく，流れの状態によって変化する物理量であり，乱流の運動量交換により増えた見かけの動粘度と考えることができる。

コーヒーブレイク

プラントルの「混合距離理論」

乱流のレイノルズ応力の直接計算には変動速度の相関 $\overline{u'v'}$ を評価する必要があるが，より現実的な手法を開発するため，プラントル（Prandtl）は不規則な運動をしている乱流に気体分子運動論の運動量輸送の考えを適用して混合距離（mixing length）という概念を導入し，1925 年に半経験的な混合距離理論（Prandtl's mixing-length theory）を立てた。

具体的には，（第 6 章の図 6.33 に示すような）乱流の粒子集団（渦粒子）の運動を気体分子運動の平均自由行程から類推して，これらの渦粒子がある距離 l だけ移動すると他の渦粒子と不規則な衝突を起こし，それぞれの渦粒子が持っている運動量が輸送されると考える。乱流の乱れによる運動量交換の強さは渦粒子の速度変動に依存し，これら粒子の変動速度は，流れ場の局所平均速度勾配でレベリングされる。

$$|\overline{u'}| \simeq |\overline{v'}| \cong l\left|\frac{d\overline{u}}{dy}\right|$$

ここで，l は乱流の乱れによる混合距離と呼ばれ，流体やその温度，圧力と流れの状態によって変わる。したがって，式 (5.7) に示すレイノルズ応力は次式のように表される。

$$\tau_{\mathrm{t}} = -\rho\overline{u'v'} \cong \rho l^2\left|\frac{d\overline{u}}{dy}\right|\frac{d\overline{u}}{dy}$$

よって，渦動粘度は次式で表される。

$$\nu_{\mathrm{t}} = l^2\left|\frac{d\overline{u}}{dy}\right|$$

すなわち，乱流の混合距離 l を用いて渦粘性を評価することが可能となる。

プラントルの混合距離理論は実用性に優れ，乱流の理論解析や乱流のモデリングにその概念がよく応用されている。

5.1.4 摩擦抵抗と圧力損失

図 5.4 に示すように，まっすぐな水平円管に粘性流体が一定の速度で流れている場合，管壁面と流体の間に外部摩擦応力 τ_w が働く。管の直径を d，断面 ① と ② の間の距離を L とすれば，完全に発達した円管内流れ（層流または乱流）において断面 ① と ② の間の円柱状検査体積に含まれる流体に作用する軸方向での力の釣合いは次式のようになる。

$$\frac{1}{4}\pi d^2(p_1 - p_2) - \pi dL\tau_w = 0 \tag{5.8}$$

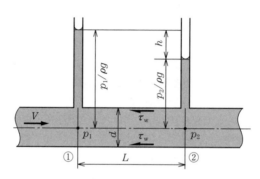

図 5.4 摩擦抵抗と圧力損失

したがって，断面 ① から断面 ② までの**圧力降下** (pressure drop) は次式のようになる。

$$\Delta p = p_1 - p_2 = \frac{4L\tau_w}{d} \tag{5.9}$$

すなわち，粘性せん断応力によって流れ方向に圧力が低下し，その差圧を**圧力損失** (pressure loss) という。

さらに，壁面せん断応力 τ_w は**局所壁面摩擦係数** (local coefficient of skin friction) C_f と平均流速 V を用いて，$\tau_w = C_f \rho V^2/2$ と表すことができ，式 (5.9) に代入すると，次式が得られる。

$$\frac{\Delta p}{\rho g} = 4 C_f \frac{L}{d} \frac{V^2}{2g} \tag{5.10}$$

ここで，$\lambda = 4 C_f$ を**管摩擦係数** (friction factor) と定義し，圧力損失ヘッドを

$h_\mathrm{f} = \Delta p/(\rho g)$ と表すと，式 (5.11) が得られる．この式は，ダルシー（H. Darcy）とワイスバッハ（J. Weisbach）が，速度ヘッドを用いて圧力損失ヘッドを与えたもので，**ダルシー・ワイスバッハの式**（Darcy-Weisbach's equation）と呼ばれる．

$$h_\mathrm{f} = \frac{\Delta p}{\rho g} = \lambda \frac{L}{d} \frac{V^2}{2g} \tag{5.11}$$

ここで，管摩擦係数 λ は無次元数であり，管路を設計する際に必要とする損失ヘッドの計算に不可欠な量である．円管内流れの状態によって管摩擦係数 λ が変わるが，式 (5.11) は層流でも乱流でも適用できる．工学的には，与えられた Q, d, L, ρ, μ から λ がわかれば h_f を求めることができ，管路系設計に必要なポンプ等の選定が可能となる．

例題 5.1

直径 20 mm の水平円管内を 30 ℃ の水が 0.05 L/s の流量で流れている．管内の流れは層流か乱流か判断するとともに，臨界流速を求めよ．また，水温が 5 ℃ に低下した場合はどうか．ただし，臨界レイノルズ数は 2 300 とする．

解答

まず，表 1.3 により，標準気圧における水の動粘度は，30 ℃ のとき $\nu_1 = 0.801 \times 10^{-6}$ m²/s，5 ℃ の水のとき $\nu_2 = 1.520 \times 10^{-6}$ m²/s である．円管内の平均流速は，与えられた流量よりつぎのように求める．

$$V = \frac{4Q}{\pi d^2} = \frac{4 \times 0.05 \times 10^{-3}\,\mathrm{m^3/s}}{3.14 \times (20 \times 10^{-3}\,\mathrm{m})^2} \approx 0.16\,\mathrm{m/s}$$

(1) 30 ℃ のときの管内流れのレイノルズ数は

$$Re_1 = \frac{Vd}{\nu_1} = \frac{0.16 \times 0.02}{0.801 \times 10^{-6}} \approx 4.0 \times 10^3 > Re_\mathrm{c} = 2\,300$$

であり，その流れは乱流となる．このときの臨界流速は

$$V_{\mathrm{c}1} = \frac{Re_\mathrm{c}\nu_1}{d} = \frac{2\,300 \times 0.801 \times 10^{-6}}{0.02} \approx 9.2\,\mathrm{cm/s}$$

(2) 水温が 5 ℃ に低下した場合，管内流れのレイノルズ数は

$$Re_2 = \frac{Vd}{\nu_2} = \frac{0.16 \times 0.02}{1.52 \times 10^{-6}} \approx 2.1 \times 10^3 < Re_\mathrm{c} = 2\,300$$

となり，管内流れは層流に変わる．このときの臨界流速は

$$V_{c2} = \frac{Re_c \nu_2}{d} = \frac{2\,300 \times 1.52 \times 10^{-6}}{0.02} \approx 17.5 \text{ cm/s}$$

になる．

5.2 発達した円管内層流

円管内層流の速度分布および摩擦抵抗は，管路入口および出口の影響があるが，管路長さが管直径に比べ十分に長ければ，入口と出口による圧力損失の割合は小さくなり，無視することが可能である．そのため，本節では，完全に発達した円管内層流を考慮する．

5.2.1 速度分布

半径 R のまっすぐな円管内に流れる非圧縮性流体の定常層流を考える．図 **5.5** に示すように，任意的に半径 r の同心円管をとり，断面①と②の間に挟まる高さ dx の同心円柱を検査体積とする．同心円柱側面に働くせん断応力を τ，断面①から断面②までの圧力降下を dp とすれば，断面①と②に働く全圧力は，それぞれ $p\pi r^2$ と $-(p+dp)\pi r^2$ で表し，流れ方向での力の釣合いから次式が得られる．

$$p\pi r^2 - \left(p + \frac{dp}{dx}dx\right)\pi r^2 - (2\pi r dx)\tau = 0 \tag{5.12}$$

また，円管内速度分布を $u(r)$ とすれば，円柱側面に働くせん断応力は，

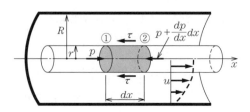

図 **5.5** 完全に発達した円管内層流

5.2 発達した円管内層流

ニュートンの粘性法則より次式で表される。

$$\tau = \mu\left(-\frac{du}{dr}\right) \tag{5.13}$$

ここで，流れが x 方向に流れる場合，せん断応力は $-x$ 軸方向に働き，実質 $du/dr \leq 0$ であるので，$-$ 記号を付ける。上式を式 (5.12) に代入して整理すると，次式が得られる。

$$\frac{du}{dr} = \frac{1}{2\mu}\frac{dp}{dx}r \tag{5.14}$$

ここで，dp/dx は x 方向の圧力勾配であり，r の関数でないから，式 (5.14) を r について積分すると

$$u(r) = \frac{1}{4\mu}\frac{dp}{dx}r^2 + C \tag{5.15}$$

となる。流速の境界条件として，$r = R$ での管壁面では $u = 0$ であり，式 (5.15) に代入して，積分定数 C は次式に整理される。

$$C = -\frac{1}{4\mu}\frac{dp}{dx}R^2 \tag{5.16}$$

よって，次式に示す完全に発達した円管内層流速度分布の関数が得られる。

$$u = \frac{R^2}{4\mu}\left(-\frac{dp}{dx}\right)\left(1 - \left(\frac{r}{R}\right)^2\right) \tag{5.17}$$

すなわち，円管内流速 u は $(-dp/dx)$ に比例する。完全に発達した円管内層流の速度分布は図 **5.6**(a) に示すように放物線形である。この流れは，通常，**ハーゲン・ポアズイユの流れ**（Hagen-Poiseuille's flow）と呼ばれる。

$r = 0$ の中心軸において，流速は最大値となり，その値を次式に示す。

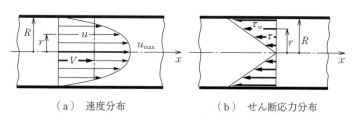

（a）速度分布　　　　　　（b）せん断応力分布

図 **5.6** 円管内層流における速度とせん断応力の断面内分布

$$u_{max} = \frac{R^2}{4\mu}\left(-\frac{dp}{dx}\right) \tag{5.18}$$

式 (5.17) の速度分布を積分すると円管内流れの流量は次式で求まる。

$$Q = \int_0^R u 2\pi r dr = \frac{\pi R^4}{8\mu}\left(-\frac{dp}{dx}\right) \tag{5.19}$$

この流量を断面積で除すことにより，断面平均流速 V が得られる。

$$V = \frac{Q}{\pi R^2} = \frac{R^2}{8\mu}\left(-\frac{dp}{dx}\right) = \frac{u_{max}}{2} \tag{5.20}$$

式 (5.20) のように円管内層流の場合，断面平均流速 V は最大流速 u_{max}（円管中心速度）の半分となる。

式 (5.17) の速度分布から，円管内層流に働く内部せん断応力は次式のように求まる。

$$\tau = \mu\left(\frac{du}{dr}\right) = \frac{r}{2}\left(\frac{dp}{dx}\right) \tag{5.21}$$

すなわち，せん断応力は圧力勾配 dp/dx に比例して，図(b)に示すように半径方向に線形に変化し，壁面では最大値に達する。

5.2.2 圧力損失

完全に発達した円管内流れの場合，圧力勾配はほぼ均一であり，距離 L の二つの断面 ① と ② の間の圧力損失を $\Delta p = p_1 - p_2$ とすれば，次式が成り立つ。

$$-\frac{dp}{dx} = \frac{\Delta p}{L} \tag{5.22}$$

これを式 (5.19) に代入すると，次式が得られる。

$$Q = \frac{\pi R^4}{8\mu}\left(\frac{\Delta p}{L}\right) = \frac{\pi d^4}{128\mu}\frac{\Delta p}{L} \tag{5.23}$$

ここで，d は円管の直径を示す。この式を用いて，Q と Δp を測定すれば，流体の粘性を求めることができる。さらに，式 (5.23) を変形すると圧力損失ヘッドがつぎのように与えられる。

$$\frac{\Delta p}{\rho g} = \frac{L}{\rho g}\frac{128\mu Q}{\pi d^4} = \frac{32\mu L}{\rho g d^2} V \tag{5.24}$$

5.2　発達した円管内層流

すなわち，円管内層流の損失ヘッドは，管の長さ L と流量 Q に比例し，管内径 d の 4 乗に逆比例する。この式は，**ハーゲン・ポアズイユの式**（Hagen-Poiseuile's equation）と呼ばれる。

式 (5.24) をダルシー・ワイスバッハの式 (5.11) に代入すると下記の式が得られる。

$$h_f = \frac{p_1 - p_2}{\rho g} = \lambda \frac{L}{d} \frac{V^2}{2g} = \frac{32\mu L}{\rho g d^2} V \tag{5.25}$$

式 (5.25) を整理して，管摩擦係数を次式で表すことができる。

$$\lambda = 64 \frac{\mu}{\rho d V} = \frac{64}{Re} \tag{5.26}$$

すなわち，完全に発達した層流の管摩擦係数 λ は，レイノルズ数 Re のみの関数であり，Re に反比例する。

例題 5.2

内径 50 mm，長さ 500 m の水平管路において，比重 0.865 の潤滑油が 1.24 L/s の割合で輸送されている。管路における圧力降下が 415.0 kPa の場合，この油の粘度はいくらか。

解答

まず，円管内潤滑油の流れは層流になっていると仮定する。この場合，ハーゲン・ポアズイユの式を変形すると，流体の粘度は次式で求められる。

$$\mu = \frac{\Delta p \pi d^4}{128 L Q}$$

$$= \frac{415.0 \times 10^3 \times \pi \times 0.05^4}{128 \times 500 \times 1.24 \times 10^{-3}} \approx 0.103 \,\text{Pa·s}$$

したがって，管内流れのレイノルズ数は下記のように計算できる。

$$Re = \frac{\rho d V}{\mu} = \frac{4\rho Q}{\pi \mu d} = \frac{4 \times 0.865 \times 1\,000 \times 1.24 \times 10^{-3}}{3.14 \times 0.103 \times 0.05}$$

$$= 265.3 < Re_c = 2\,300$$

よって，層流との仮定は正しい。潤滑油の粘度は 0.103 Pa·s である。

5.3 発達した円管内乱流

円管内に流体が流れているとき，レイノルズ数（Re）が臨界レイノルズ数より大きくなるに従って次第に乱れは上流へと進行し，流線は拡散し，その乱れはやがて管内全体に広がり，完全な乱流となる。本節では，完全に発達した円管内乱流について討論する。

5.3.1 円管内乱流の構造と速度分布

円管内の層流の速度分布は解析的に求めることができたが，乱流では解析的に求めることができない。そのため実験結果に基づく半経験的な解析によって乱流の速度分布が求められている。

図 5.7 は円管内乱流壁面近傍の流れ構造を示したものである。ここで，$\overline{u}$ は瞬時流速 u の時間平均値を表す。壁面上では流体は壁面に付着して流れの速度はゼロになる。壁面ごく近傍の流れは速度が非常に小さく，粘性の影響が支配的であり，この流れの領域を**粘性底層**（viscos sublayer）という。粘性底層内の流体の速度は非常に小さく，速度分布はほぼ直線とみなせる。壁面から離れるに従い，乱れが徐々に強くなるが，乱流渦粘性の影響が支配的に働く領域は**乱流層**（turbulent layer）と呼ばれる。粘性底層と乱流層との間の領域は**遷移層**（transition layer）と呼ばれ，粘性作用と乱流作用が同程度に作用する領域である。

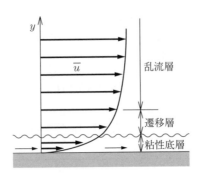

図 5.7 円管内乱流の構造

5.3 発達した円管内乱流

円管内乱流の速度分布を解析的に求めることは難しいが，円管内乱流の速度分布に対して実用的な経験式として，**指数法則**（power law）と呼ばれるものがある。円管内の半径を R，壁面からの距離を y，管中心での最大速度を u_{max} とするとき，円管の乱流の時間平均速度分布 $\overline{u}$ は次式のような $1/n$ 乗則あるいは指数法則で表される[1]。

$$\frac{\overline{u}}{u_{max}} = \left(\frac{y}{R}\right)^{1/n} \tag{5.27}$$

この場合，n の値はレイノルズ数 Re によって変化し，ニクラゼ（Nikurades）の実験によると，その値は**表 5.1** に示すようになる。例えば $Re = 10^4 \sim 10^5$ では，$n = 7$ となる。一般に Re がこの付近の流れを取り扱う場合が多いので，$n = 7$ とした式がよく用いられる。この式を**カルマン・プラントル**（Karman-Prandtl）の **1/7 乗則**（one-seventh law）という。なお，指数 n を求める式として，$n = 3.45 Re^{0.07}$ との実験式もある。

表 5.1 レイノルズ数 Re による n の変化

Re	4×10^3	$10^4 \sim 10^5$	$10^5 \sim 5 \times 10^5$	$5 \times 10^5 \sim 10^6$	$1.5 \times 10^6 \sim$
n	6	7	8	9	10

例題 5.3

内径 100 mm の円筒に 3.5 m³/min の流量で空気が送気されている。この管内の速度分布を図に示せ。ただし，空気の密度 $\rho = 1.205 \, \text{kg/m}^3$，動粘度 $\nu = 15.0 \times 10^{-6} \, \text{m}^2/\text{s}$ とする。

解答

まず，管内流れのレイノルズ数 Re を求め，層流か乱流かを調べる。平均流速 V は

$$V = \frac{4Q}{\pi d^2} = \frac{4 \times (3.5/60)}{3.14 \times (0.1)^2} = 7.43 \, \text{m/s}$$

であり，レイノルズ数 Re はつぎのように求められる。

$$Re = \frac{Vd}{\nu} = \frac{7.43 \times 0.1}{15.0 \times 10^{-6}} = 4.95 \times 10^4$$

よって，流れは乱流であり，速度分布は指数法則で表せる。指数法則の指数は表5.1より，$n=7$ となる。ゆえに，速度分布は

$$\frac{\overline{u}}{u_{\max}} = \left(\frac{y}{R}\right)^{1/7}$$

で表される。その結果を図 5.8 に示す。

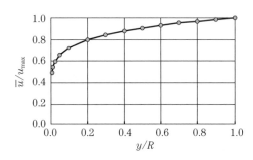

図 5.8　円管内乱流速度分布（1/7 乗則）

5.3.2　圧　力　損　失

　円管内流れが乱流の場合，管摩擦係数は一般にレイノルズ数と管壁面の表面粗さによって変わる。図 5.7 に示したように，乱流の壁面ごく近くにおいては，粘性のみに影響される粘性底層という薄い層が存在する。管壁上の凹凸が粘性底層に完全に覆われ，あるいは，粘性底層の厚さ δ が管壁の表面粗さ ε より厚い場合（$\delta \geq \varepsilon$），流体力学的に**滑らかな管**（smooth pipe）という。

　一方，管壁面の凹凸が粘性底層から突き出ると凹凸は管摩擦へ大きな影響を及ぼし，やがて凹凸が乱流層まで達すると λ の値は壁面表面の相対粗さ ε/d のみによって変化する。このように，管壁面の凹凸が粘性底層を超えて乱流域へ突入する場合，流体力学的に**粗い管**（fully rough pipe）という。

　しかし，乱流の摩擦機構はとても複雑であり，いまだ十分解明されていない。そのため，乱流摩擦係数は，層流のような理論式はなく，実験式または半理論式が用いられる。以下に，乱流でよく用いられる式について述べる。

5.3 発達した円管内乱流

〔1〕 滑らかな円管の場合　一般に下記の式で管摩擦係数の値を求める。

- ブラジウスの式（Blasius's formula）

$$\lambda = 0.316\,4 Re^{-1/4} \quad (Re = 3 \times 10^3 \sim 1 \times 10^5) \tag{5.28}$$

- ニクラゼの式（Nikuradse's formula）

$$\lambda = 0.003\,2 + 0.221 Re^{-0.237} \quad (Re = 1 \times 10^5 \sim 3 \times 10^6) \tag{5.29}$$

- プラントル・カルマンの式（Prandtl-Karman's formula）

$$\frac{1}{\sqrt{\lambda}} = 2 \log(Re\sqrt{\lambda}) - 0.8 \quad (Re = 3 \times 10^3 \sim 3 \times 10^6) \tag{5.30}$$

図 5.9 にこれらの式で表す λ の変化を示す．図のように，式 (5.30) は広いレイノルズ数範囲で実験値と一致し，滑らかな管の普遍抵抗法則とも呼ばれ，十分に高いレイノルズ数においても成立し，また超音速および亜音速の圧縮流れにおいても成立する[1]．しかし，プラントル・カルマンの式は λ を陰に含んでいるため容易に計算することができず実用的ではない．実用的には $Re = 10^5$ を境に前半部分をブラジウスの式，後半部分をニクラゼの式を用いる．

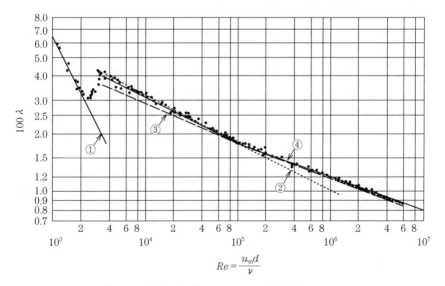

① 層流の式(5.26), ② ブラジウスの式(5.28),
③ ニクラゼの式(5.29), ④ プラントル・カルマンの式(5.30)

図 5.9　滑らか円管の管摩擦係数[2]

〔2〕 **粗い円管の場合**　一般に下記に示す**カルマンの式**（Karman's formula）が用いられる。

$$\frac{1}{\sqrt{\lambda}} = -2\log\left(\frac{\varepsilon}{3.71d}\right) = -2\log\left(\frac{\varepsilon}{d}\right) + 1.14 \tag{5.31}$$

ここで，λ はレイノルズ数には関係なく，相対粗さ ε/d のみで定まることがわかる。

また，凹凸が遷移層内に存在するとき，円管内乱流は滑らかでもなく粗くもない状態で，**遷移領域**（transition region）という。遷移領域においては，管摩擦係数を近似的に与える式として，次式に示す**コールブルークの式**（Colebrook's formula）が成立する。

$$\frac{1}{\sqrt{\lambda}} = -2\log\left(\frac{\varepsilon}{3.71d} + \frac{2.51}{Re\sqrt{\lambda}}\right) \tag{5.32}$$

ここで，λ はレイノルズ数 Re と相対粗さ ε/d の両方に依存することがわかる。

滑らかな管に対するプラントル・カルマンの式を以下のように書き直すと粗さの影響がわかりやすいであろう。

$$\frac{1}{\sqrt{\lambda}} = -2\log\left(\frac{2.51}{Re\sqrt{\lambda}}\right) \tag{5.33}$$

以上のように，λ に関して各種の式があるが，実用的にはこれらの式をもとに作成した線図，すなわち名高い**ムーディ線図**（Moody diagram）がよく用いられる。**図 5.10** にムーディ線図を示す。横軸はレイノルズ数 Re，左軸は管摩擦係数 λ であり，レイノルズ数 Re と相対粗さ ε/d を与えることにより管摩擦係数を求めることができる。

また，実用管の管摩擦係数を求めるため，各種実用管の管径 d に対する相対粗さを**図 5.11** に示す[3]。

5.3 発達した円管内乱流

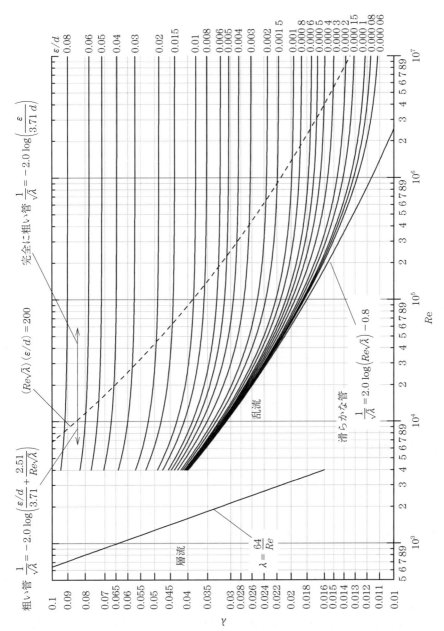

図 5.10 ムーディ線図

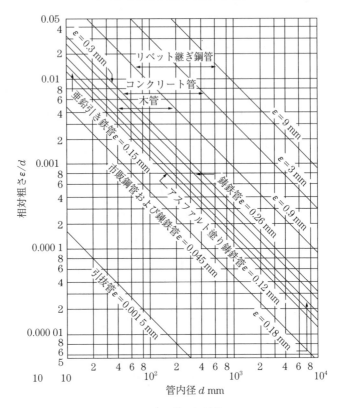

図5.11 実用管の相対粗さ

例題 5.4

直径 3 cm の滑らかな円管を通じて，20 ℃の水を 2.0 L/s で輸送している。円管長さ 5 m における圧力損失はいくらか。

解答

まず，管内流れの状態を判断し，管摩擦係数を決定する。円管内平均流速 V は

$$V = \frac{4Q}{\pi d^2} = \frac{4 \times 2.0 \times 10^{-3}}{3.14 \times (3 \times 10^{-2})^2} \approx 2.83 \text{ m/s}$$

となる。表 1.2，表 1.3 により，標準大気圧における 20 ℃ の水の密度は $\rho = 998.2 \text{ kg/m}^3$，動粘度は $\nu = 1.004 \times 10^{-6} \text{ m}^2/\text{s}$ である。このときの管内流れのレイノルズ数は

$$Re = \frac{Vd}{\nu} = \frac{2.83 \times 0.03}{1.004 \times 10^{-6}} \approx 8.5 \times 10^4 > Re_c = 2\,300$$

である。よって，管内流れは乱流であり，このレイノルズ数はブラジウスの式の適用範囲内にあるので，ブラジウスの式を用いて摩擦係数を決定する。

$$\lambda = \frac{0.3164}{Re^{1/4}} = 0.018\,5$$

つぎに，ダルシー・ワイスバッハの式により，管内の圧力損失を求める。

$$\Delta p = \rho g \left(\lambda \frac{L}{d} \frac{V^2}{2g} \right)$$

$$= \lambda \frac{L}{d} \frac{1}{2} \rho V^2 = 0.018\,5 \times \frac{5.0}{0.03} \times \frac{1}{2} \times 998.2 \times 2.83^2 \approx 12.32\,\text{kPa}$$

5.4 管摩擦損失と流量の計算

流体を輸送する管路は各種産業に利用されている。管内に水，油，空気などの流体が流れるとき生じる圧力損失の見積もりは，管路設計の重要課題であり，流体を輸送するポンプや送風機を選定するときに不可欠である。

5.4.1 円管における圧力損失

まず，与えられた流量から圧力損失を計算する場合，計算条件として，管路の長さ L，管路の内径 d，および管壁の粗さ ε を既知とする。また，流体の種類がわかり，温度が与えられていれば，流体の密度 ρ，粘度 μ または動粘度 ν がわかる。これらより，円管の場合，下記の手順に基づいて圧力損失を求める。

① 流量 Q より，流体の平均速度 V を求める。
② つぎに，レイノルズ数 Re を求める。
③ レイノルズ数に従って，層流の場合は式 (5.26)，乱流の場合は式 (5.28)～(5.31)，またはムーディ線図を利用し，λ を求める。
④ 決定された λ を用いて，ダルシー・ワイスバッハの式 (5.11) より圧力損

失 Δp を計算する。

5.4.2　円管流量の計算

圧力損失が与えられて流量を求める場合は，上述の手順とは違い，繰り返し計算が必要になる。円管の場合について，図 **5.12** に示すフローチャートに基

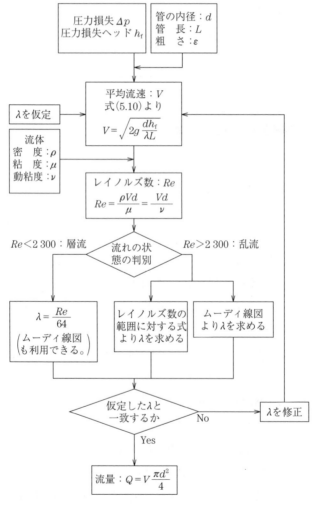

図 **5.12**　管路圧力損失から流量を求める手順[2)]

① まず管摩擦係数 λ を適当な値に仮定する。
② つぎにダルシー・ワイスバッハの式 (5.11) より，平均流速 V を計算し，レイノルズ数 Re を求める。
③ 流れの状態を判断し，管摩擦係数 λ を求め，最初に仮定した λ と比較し，差異があれば修正して再計算する。
④ λ の値が収束するまで繰り返し，収束に達したときの平均流速で管内流量を計算する。

5.4.3 非円形断面管路の摩擦損失

円管は産業界で流体の輸送によく利用されるが，通風ダクトなどには円形以外の断面形状を持つ管路を利用することもある。三角形，四角形など代表的な断面形状を持つダクト流れについては，管摩擦係数の値が一部の教科書に載せてあるが，一般に，円管の摩擦抵抗を利用して非円形断面管路の摩擦抵抗を算定する。ここで，これら管路の摩擦を見積もる半経験的な方法を以下に述べる。

図 5.13 に示す任意の断面形状の管について，管の断面積を A とする。管路断面の壁面が流体に接している部分の長さ w を**ぬれ縁長さ** (wet perimeter) といい，流体が管内を満たしている場合はその断面の周囲長さと等しい。一般に，管の断面積 A とぬれ縁長さ w との比を**水力平均深さ** (hydraulic mean depth) と定義し，次式に示す。

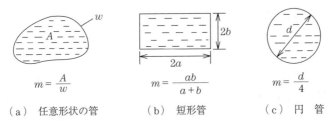

図 5.13 非円形断面のぬれ縁長さと水力平均深さ

$$m = \frac{A}{w} \tag{5.34}$$

任意断面形状を持つ管路における摩擦損失について，5.1.3 項で説明したように，水平に置いた管に働く圧力による力と摩擦力は釣り合うので，円管の場合の直径 d に一致するように，**等価直径**（equivalent diameter）d_h を

$$d_h = 4m \tag{5.35}$$

と定義すると，非円管断面管路の摩擦損失ヘッド h_f は円管の場合と同じように式 (5.11) で表すことができる．式 (5.35) の d_h は**水力直径**（hydraulic diameter）とも呼ばれる．

例題 5.5

ある工場へ水を輸送する鉄管が長年でさびたためその直径が 5 ％ 減少した．
(1) 給水ポンプの圧力は一定に維持するならば，流量は何 ％ 減少するか．
(2) 鉄管がさびる前と同一の流量を得るためにはポンプの圧力を何 ％ 増加しなければならないか．
ただし，管摩擦係数 λ は一定値を持つものとする．

解答

鉄管の直径，管内流速，流量，管長さと管両端の差圧をそれぞれ d, V, Q, L, Δp で記し，鉄管がさびる前の状態を添え字 0，さびた後の状態を添え字 1 で示す．円管の直径が 5 ％ 減少した場合

$$\frac{d_0 - d_1}{d_0} = 1 - \frac{d_1}{d_0} = 0.05$$

となり，$d_1/d_0 = 0.95$ である．円管内流量は次式で与える．

$$Q_0 = \frac{\pi}{4} d_0^2 V_0 \tag{5.36a}$$

$$Q_1 = \frac{\pi}{4} d_1^2 V_1 \tag{5.36b}$$

また，管直径および流速によって管両端での圧力差は以下のように変化する．

$$\frac{\Delta P_0}{\rho g} = \lambda \frac{L}{d_0} \frac{V_0^2}{2g} \tag{5.37a}$$

$$\frac{\Delta P_1}{\rho g} = \lambda \frac{L}{d_1} \frac{V_1^2}{2g} \tag{5.37b}$$

(1) 給水ポンプの圧力を一定に維持した場合，管両端での圧力差が一定となり，式 (5.37a)，(5.37b) より

$$\lambda \frac{l}{d_1} \frac{V_1^2}{2g} = \lambda \frac{l}{d_0} \frac{V_0^2}{2g} \tag{5.38}$$

式 (5.38) を整理すると $\frac{V_1^2}{V_0^2} = \frac{d_1}{d_0}$ となり，これを式 (5.36) に代入してさびる前後の流量比を求めると，以下のようになる．

$$\frac{Q_0}{Q_1} = \frac{d_0^2 V_0}{d_1^2 V_1} = \left(\frac{d_0}{d_1}\right)^{2.5} \tag{5.39}$$

鉄管のさびによって流量が減少する割合は

$$\frac{\Delta Q}{Q_1} = \frac{Q_0 - Q_1}{Q_0} = 1 - \frac{Q_1}{Q_0} = 1 - \left(\frac{d_1}{d_0}\right)^{2.5} \tag{5.40}$$

となる．したがって，$d_1/d_0 = 0.95$ の場合，$\Delta Q/Q_0 \approx 0.12 = 12\%$ となり，流量は約 12 % 減少する．

(2) 鉄管がさびる前と同一流量にするには，$Q_0 = Q_1$ なので，式 (5.36) より

$$\frac{V_1}{V_0} = \left(\frac{d_0}{d_1}\right)^2 \tag{5.41}$$

が得られる．式 (5.41) を式 (5.37) に代入して整理すると，圧力損失の増加率 η はつぎのようになる．

$$\eta = \frac{\Delta P_1 - \Delta P_0}{\Delta P_0} = \frac{\Delta P_1}{\Delta P_0} - 1 = \frac{d_0}{d_1} \frac{V_1^2}{V_0^2} - 1 = \left(\frac{d_0}{d_1}\right)^5 - 1 \tag{5.42}$$

したがって，$d_1/d_0 = 0.95$ の場合，$\eta \approx 0.292 = 29.2\%$ となり，同一流量を得るためにはポンプの圧力を約 29.2 % 増加しなければならない．

5.5　管路系における諸損失

管路系における損失は，粘性による摩擦損失以外に，流路断面形状の大きさの変化に伴って生じる流れのはく離や渦の発生によるエネルギーの損失がある．これらの損失を**局所損失**（local loss）という．局所損失は管路の形状，流れの方向変化，合流や分岐などのさまざまな条件によりその値が異なり，ほとんど実験的に与えられる．局所損失ヘッド h_s は次式で表される．

$$h_s = \zeta \frac{V^2}{2g} \tag{5.43}$$

ここで，ζは**損失係数**（coefficient of head loss）と呼ばれる。Vは損失を生じる場所での代表流速である。損失が発生する場所の前後で平均流速が変化する場合には，一般に大きいほうの流速を用いる。以下では，代表的な例について考える。

5.5.1 断面積が急変する場合の損失

〔1〕**急拡大管** 図 **5.14** に示すように管の断面積が A_1 から A_2 に急拡大する場合，上流から拡大部に流入する流体はその接合部直後の角部に沿って流れることができず，噴流の状態となって壁から離れ，管の接合部の隅に逆流の渦領域が現れる。このため，運動エネルギーの一部が失われ，流体の粘性による圧力損失が生じる。このときの局所損失ヘッド h_s は，次式で表される。

$$h_s = \xi \frac{(V_1 - V_2)^2}{2g} = \xi \left(1 - \frac{A_1}{A_2}\right)^2 \frac{V_1^2}{2g} \tag{5.44}$$

または，損失係数 ζ_{SE} を用いて次式で表す。

$$h_s = \zeta_{SE} \frac{V_1^2}{2g} \tag{5.45}$$

$$\zeta_{SE} = \xi \left(1 - \frac{A_1}{A_2}\right)^2 \tag{5.46}$$

ここで，ξは補正係数であり，その値は断面積比 A_1/A_2 によって変わるが，おおよそ 1 に近い値となる。すなわち，$\xi \cong 1.0$ と近似できる。

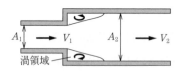
図 **5.14** 急拡大管における流れ

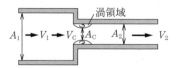
図 **5.15** 急縮小管おける流れ

〔2〕**急縮小管** 図 **5.15** に示すように管の断面積が A_1 から A_2 に急縮小する場合，断面積 A_2 の細い管の入口近くで流れははく離し，主流方向と逆方向の渦流れが形成される。このとき流れは断面積 A_1 から縮小し，いったん

断面積 A_C まで縮流した後，断面積 A_2 の管路全体まで広がる。断面積 A_1 から A_C になるまでの加速流の損失はきわめて小さく，無視できる。一方，断面積 A_C から A_2 までの減速流では損失が生じる。

$$h_\mathrm{s} = \frac{(V_\mathrm{C} - V_2)^2}{2g} = \frac{V_2^2}{2g}\left(\frac{A_2}{A_\mathrm{C}} - 1\right)^2 \tag{5.47}$$

ここで，$C_\mathrm{C} = A_\mathrm{C}/A_2$ を**流路縮小係数**（coefficient of contraction）という。
または，損失係数 ζ_sc を用いて次式で表す。

$$h_\mathrm{s} = \zeta_\mathrm{sc} \frac{V_2^2}{2g} \tag{5.48}$$

$$\zeta_\mathrm{sc} = \left(\frac{1}{C_\mathrm{C}} - 1\right)^2 \tag{5.49}$$

〔3〕 **各種管路入口における損失**　大きな容器から管路に流入する場合，容器の断面積 A_1 は相対的に大きくなり，前述した流路縮小係数 C_C の値は小さくなる。このとき，管路入口の圧力損失ヘッドは式 (5.43) で表されるが，入口形状によって流れのはく離の状態が変化し，損失係数が異なる。図 **5.16** に各種管路入口形状とその損失係数 ζ_in を示す。

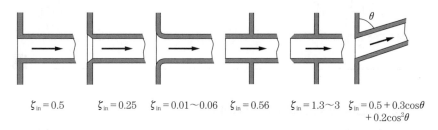

$\zeta_\mathrm{in}=0.5$　　$\zeta_\mathrm{in}=0.25$　　$\zeta_\mathrm{in}=0.01\sim0.06$　　$\zeta_\mathrm{in}=0.56$　　$\zeta_\mathrm{in}=1.3\sim3$　　$\zeta_\mathrm{in}=0.5+0.3\cos\theta+0.2\cos^2\theta$

図 **5.16**　各種管路入口形状とその損失係数

例題 5.6

図 5.15 に示したような断面が急に狭くなる管路における流れの損失係数は

$$\zeta = \left(\frac{1}{C_\mathrm{C}} - 1\right)^2$$

で示されることを示せ。ただし，$C_\mathrm{C} = A_\mathrm{C}/A_2$ とする。

解答

断面積が A_1 から A_c になるまで流れは加速して損失は小さいので，無視することができる。断面積が A_c から A_2 になるまでの拡大損失を考慮したベルヌーイの式は以下のようになる。

$$\frac{p_c}{\rho g} + \frac{V_c^2}{2g} = \frac{p_2}{\rho g} + \frac{V_2^2}{2g} + h_s \tag{5.50}$$

ここで，p_c，V_c と p_2，V_2 はそれぞれ断面 A_c と A_2 における圧力と平均速度，h_s は局所損失ヘッドである。よって，局所損失ヘッドは次式で表される。

$$h_s = \frac{p_c - p_2}{\rho g} + \frac{V_c^2 - V_2^2}{2g} \tag{5.51}$$

また，連続の式より，次式が成り立つ。

$$A_c V_c = A_2 V_2 \tag{5.52}$$

さらに，断面積 $A_c \sim A_2$ における流体の速度と圧力の変化について，運動量の法則（第4章参照）より次式が得られる。

$$\rho A_c V_c (V_2 - V_c) = A_2 (p_c - p_2) \tag{5.53}$$

式 (5.52)，(5.53) を式 (5.51) に代入すると，つぎのように整理できる。

$$h_s = \frac{(V_c - V_2)^2}{2g} = \left(\frac{A_2}{A_c} - 1\right)^2 \frac{V_2^2}{2g} = \left(\frac{1}{C_c} - 1\right)^2 \frac{V_2^2}{2g}$$

損失係数を定義する式 (5.34) と比較すると，急縮小する管路の損失係数は

$$\zeta = \left(\frac{1}{C_c} - 1\right)^2 \tag{5.54}$$

で表すことになる。

5.5.2 断面積が緩やかに広がる管の損失

〔1〕圧力損失　図 5.17 に示すような**断面積が緩やかに広がる管**（divergent pipe）を**ディフューザ**（diffuser）といい，流れの運動エネルギーを圧力エネルギーに変換する場合に用いられる。流路の拡大に伴って流速が減少

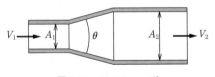

図 5.17　ディフューザ

し，静圧が増加する．広がり角度に従って壁面の近くに逆流が生じ，複雑な流れとなる．その局所損失ヘッドは損失係数 ζ_D を用いて次式で表される．

$$h_s = \zeta_D \frac{V_1^2}{2g} = \xi\left(1 - \frac{A_1}{A_2}\right)^2 \frac{V_1^2}{2g} \tag{5.55}$$

ここで，ξ は広がり角度 θ に対する補正係数であり，つぎの式が利用される．

$$\xi = \begin{cases} 0.14 & (\theta = 6 \sim 8°) \\ 0.011\theta^{1.22} & (\theta = 7.5 \sim 35°) \end{cases} \tag{5.56}$$

図 5.18 に円形ディフューザの補正係数 ξ の実験値を示す．広がり角度 θ によって ξ の値は異なり，広がり角度 $\theta = 5.5°$ のときに $\xi \cong 0.135$ で最小となり，$\theta = 60°$ 前後では損失係数は一番大きく，$\theta > 90°$ ではほぼ一定になる．

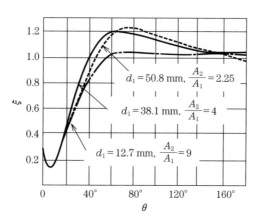

図 5.18　円形ディフューザの損失係数[3]

〔2〕**圧力回復率**　　図 5.17 のような広がり管はディフューザとして流体の持つ運動エネルギーを圧力エネルギーに変換するためにさまざまな分野でよく用いられる．ディフューザに粘性損失がなければ，断面積が A_2 のところでの圧力が p_2' まで上昇するが，実在流体は粘性を持ち，式 (5.55) に示すように圧力損失が生じる．

$$\Delta p = \rho g h_s = \xi\left(1 - \frac{A_1}{A_2}\right)^2 \frac{1}{2}\rho V_1^2 \tag{5.57}$$

ゆえに，断面積が A_1 から A_2 になるまでの実際の圧力上昇は，ベルヌーイ

の式(第3章参照)を用いて求められる圧力上昇の理論値 $p'_2 - p_1$ よりも式 (5.55) の分だけ小さくなる。

$$p_2 - p_1 = p'_2 - p_1 - \Delta p \tag{5.58}$$

実際の圧力上昇値と理論的な圧力上昇値との比 η は次式で表される。

$$\eta = \frac{p_2 - p_1}{p'_2 - p_1} = 1 - \xi \frac{1 - (A_1/A_2)}{1 + (A_1/A_2)} \tag{5.59}$$

これは,ディフューザを通して減少した運動エネルギーが圧力エネルギーの増加として回収される割合を示し,η をディフューザの**圧力回復率**(pressure recovery rate)あるいは**効率**(efficiency)という。θ が大きくなると,管の断面積は急激に拡大し,圧力が十分に回復できずに η は減少する。θ が小さい場合は,広がり管は長くなり,流れがはく離しにくく,摩擦のみの損失が生じ,圧力回復率 η は増加する。

5.5.3 流れ方向が変化する場合の損失

〔1〕 ベンド　　緩やかに曲がる管路の部分をベンド(bend)という。図 5.19 に示すようなベンドにおける流れを考えると,曲がり中央の断面 AB では,遠心力の作用により外側の圧力が高く,内側では逆に低くなる。したがって,ベンド内側では圧力の低い点 A より下流へ行くにつれて圧力が徐々に上昇するので,その部分では流体が流れにくく,点 A より下流の部分に流れのはく離が発生する。ベンド外側では,上流から圧力の高い点 B に至るまで圧力が上昇するので,点 B より上流部では流体が流れにくく,壁面近傍に

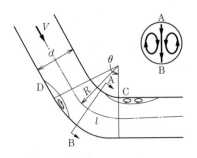

図 5.19　ベンドにおける流れ

5.5 管路系における諸損失

小規模のはく離を生ずることがある。

また，断面 AB においては，内側の圧力は低く，外側の圧力は高いため，壁面近傍の流体は壁面に沿って圧力の高い点 B から圧力の低い点 A まで流れようとする。このような流れが誘起されると，曲がり切ったところの流路断面では，図に示したような1対の向かい合った渦が生ずる。このような流れは管の主流に垂直な断面内に流れるので，**二次流れ**（secondary flow）と呼ばれる。このため，壁面速度こう配は著しく大きくなり，ベンドの摩擦係数は直管の場合より大きくなる。

ベンドにおける局所損失ヘッド h_s は次式で表される。

$$h_s = \zeta_B \frac{V^2}{2g} = \left(\zeta + \lambda \frac{l}{d}\right)^2 \frac{V^2}{2g} \tag{5.60}$$

ここで，ζ_B は全損失係数，ζ ははく離と二次流れによる損失係数，λ は管摩擦係数，l はベンドの中心線の長さ，d は管の内径である。例として，**表 5.2** に管壁が滑らかなベンドの損失係数 ζ_B の値を示す。なお，案内羽根などによってはく離を防げれば，ベンドの損失係数を大幅に低減することが可能である。

表 5.2 滑らかな壁面を持つベンドの全損失係数 ζ_B[3]

		\multicolumn{5}{c}{R/d}
		1	2	3	4	5
θ [°]	45	0.14	0.14	0.08	0.08	0.07
	60	0.19	0.12	0.095	0.085	0.07
	90	0.21	0.135	0.1	0.085	0.105

〔2〕エルボ 急激に曲がる管を**エルボ**（elbow）といい，**図 5.20** にエルボにおける流れの様子を示す。図に示すように，エルボは角があるので流れがはく離し，ベンドに比べて大きな損失が生ずる。エルボの損失ヘッドは次式で表される。

$$h_s = \zeta_E \frac{V^2}{2g} \tag{5.61}$$

ここで，ζ_E はエルボの損失係数であり，曲がり角度 θ によって値が変わる。ζ_E

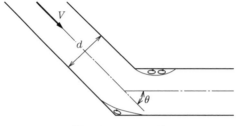

図 5.20　エ ル ボ

はつぎの近似式で与えられる[1,3]。

$$\zeta_E = 0.946 \sin^2 \frac{\theta}{2} + 2.05 \sin^4 \frac{\theta}{2} \tag{5.62}$$

5.5.4　バルブの損失

弁あるいはバルブ（valve）は管路内流量を調節するために用いられ，さまざまな種類がある。図 5.21 に例として仕切り弁，玉形弁，アングル弁の構造を示す[4]。バルブ内の圧力損失は，バルブの内部構造と開き度によって異なるが，他の管路要素による圧力損失と比べると非常に大きい。バルブによる損失ヘッドは次式で表される。

$$h_s = \zeta_V \frac{V^2}{2g} \tag{5.63}$$

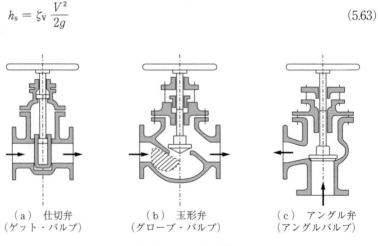

(a) 仕切弁
（ゲット・バルブ）

(b) 玉形弁
（グローブ・バルブ）

(c) アングル弁
（アングルバルブ）

図 5.21　バルブの例[4]

5.5 管路系における諸損失

ここで，ζ_v はバルブ損失係数であり，バルブの構造と作動状態によって変化する。例として，表 5.3 に呼び径 25.4 mm（1 in）のバルブが全開状態での損失係数 ζ_v を示す。各種バルブの損失係数は文献 1)に一部の実験データが記載されている。

表 5.3 バルブの損失係数 ζ_v [1,4]

バルブの種類	仕切り弁（全開）	玉形弁（全開）	アングル弁（全開）
損失係数 ζ_v	0.233	6.09	5.0

5.5.5 分岐管と合流管の損失

図 5.22 に**分岐管**（dividing junction）と**合流管**（combining junction）の一例を示す。一つの管路が二つ以上に分岐する場合，または逆に複数管路が一つに合流して一つの管路になる場合，流れ速度の大きさや方向が変化するから，はく離等によって損失が生じる。図(a)に示す分岐管では，管摩擦損失以外に流れが管 1 から管 2 へ流れるとき曲がり損失 $h_{s,12}$ を生じ，管 1 から管 3 へ流れるとき広がり損失 $h_{s,13}$ を生じる。すなわち

$$h_{s,12} = \zeta_{12}\frac{V_1^2}{2g}, \qquad h_{s,13} = \zeta_{13}\frac{V_1^2}{2g} \tag{5.64}$$

ここで，代表流速 V_1 は主管 1 での流速であり，ζ_{12} と ζ_{13} はそれぞれの損失係数である。一方，図(b)に示す合流管では，管摩擦損失以外に流れが管 1 から管 3 へ流れるとき狭まり損失 $h_{s,13}$ を生じ，管 2 から管 3 へ流れるときは曲が

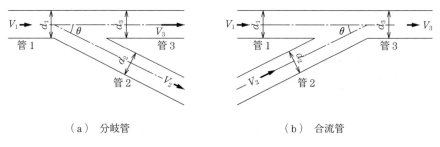

（a）分岐管　　　　　　　　　（b）合流管

図 5.22　分岐管と合流管

り損失 $h_{s,23}$ を生じる．すなわち

$$h_{s,13} = \zeta_{13} \frac{V_3^2}{2g}, \quad h_{s,23} = \zeta_{23} \frac{V_3^2}{2g} \tag{5.65}$$

ここで，代表流速 V_3 は合流管での流速であり，ζ_{12} と ζ_{13} はそれぞれの損失係数である．損失係数 ζ_{12}，ζ_{13}，ζ_{23} は分岐または合流の角度 θ および分岐または合流部の縁の形状によって異なる値をとる．直径が異なる 45° と 90° の分岐管と合流管の損失係数は文献 1) を参照されたい．

5.6 管路系の総損失とエネルギーの保存

5.6.1 管路系の総損失

流体を輸送する実際の管路は複雑な場合が多く，種々の管路要素の組合せとなっている．管路断面の変化，流れ方向の変化，分岐や合流，流量を調節する弁などが含まれる．このような管路の組合せを**管路系**（piping system）と呼び，摩擦損失のほか種々の損失を生じる．したがって，管路系全体の総損失ヘッドは，管摩擦やこれらの要素における損失の総和となる．

$$\begin{aligned} h_t &= \left(\sum_i h_f + \sum_j h_s \right) \\ &= \left(\sum_i \lambda_i \frac{l_i}{d_i} \frac{V_i^2}{2g} + \sum_j \zeta_j \frac{V_j^2}{2g} \right) \end{aligned} \tag{5.66}$$

ここで，i は個々の管路を表し，h_f は管路 i の摩擦損失ヘッドである．j はベンドやバルブなど個々の管路要素を表し，h_s は管路要素 j の形状変化に伴う損失ヘッドである．

5.6.2 修正ベルヌーイの式

図 **5.23** に示すように管系において，粘性を持つ実在流体が流れるときエネルギーの保存を考える．任意の断面 ① から断面 ② まで流体の粘性によって種々の損失を生じ，これらの総損失を h_t とすると，断面 ① での総ヘッドは断面 ② での総ヘッドと総損失ヘッドとの和に等しい．すなわち

5.6 管路系の総損失とエネルギーの保存

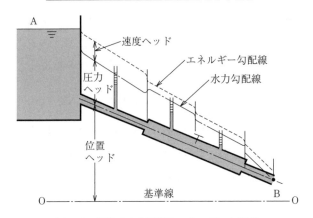

図 5.23 管路水力勾配線とエネルギー勾配線

$$\frac{V_1^2}{2g} + \frac{p_1}{\rho g} + z_1 = \frac{V_2^2}{2g} + \frac{p_2}{\rho g} + z_2 + h_\mathrm{t} \tag{5.67}$$

式 (5.67) は，**修正ベルヌーイの式** (modified Bernoulli's equation) と呼ばれている。図に示すように，上流側より下流側の総エネルギーヘッドは損失ヘッド分 h_t だけ減少している。位置ヘッド z と圧力ヘッド $p/(\rho g)$ の和 $p/(\rho g)+z$ を管路に沿って結んだ線を**水力勾配線** (hydraulic grade line) といい，さらに水力勾配線に速度ヘッド $V^2/(2g)$ を加えた全ヘッド $V^2/(2g)+p/(\rho g)+z$ を結んだ線を**エネルギー勾配線** (energy grade line) という。管路途中にポンプなどのエネルギーの供給源がないならば，エネルギー勾配線は流れ方向に沿って必ず減少する。

5.6.3 管路の流量公式

図 5.23 に示すように，タンクに接続されている一つの管路から液体が放出する場合の損失と流量を考える。タンクから円管入口損失，各円管の摩擦損失，バルブおよび急縮小部と急拡大部における局所損失を考慮して，タンクの液面 A から管路出口 B までの総損失ヘッドは次式で表される。

$$h_\mathrm{t} = \sum_i \left(\lambda_i \frac{l_i}{d_i} \frac{V_i^2}{2g} \right) + \zeta_\mathrm{in} \frac{V_\mathrm{in}^2}{2g} + \zeta_\mathrm{SE} \frac{V_\mathrm{SE}^2}{2g} + \zeta_\mathrm{V} \frac{V_\mathrm{V}^2}{2g} + \zeta_\mathrm{SC} \frac{V_\mathrm{SC}^2}{2g}$$

$$\tag{5.68}$$

ここで，ζ は損失係数，V は代表流速，添え字 in は入口，V はバルブ，SE と SC は急縮小部と急拡大部，i は任意の直管部を示す。タンクの液面 A から管路出口 B まで修正ベルヌーイの式を適用すると，次式が得られる。

$$\frac{V_A^2}{2g} + \frac{p_A}{\rho g} + z_A = \frac{V_B^2}{2g} + \frac{p_B}{\rho g} + z_B + h_t \tag{5.69}$$

ここで，V_A は液面 A の降下速度であり，管路出口 B の平均流速 V_B と比べると十分に小さく，無視してもよい。また，開放タンクの液面圧力は p_A と大気中へ放流する管路出口 B での圧力 p_B は大気圧となる（ゲージ圧はゼロである）。また，$z_A - z_B = H$ とすると，式 (5.69) は次式のように整理される。

$$H = \frac{V_B^2}{2g} + h_t \tag{5.70}$$

さらに，管内流れる液体の密度を一定とすれば，管内液体の体積流量も一定となり，次式が成立する。

$$Q = \frac{\pi}{4} d_i^2 V_i = \frac{\pi}{4} d_B^2 V_B \tag{5.71}$$

式 (5.68)，(5.71) を式 (5.70) に代入すると，管路出口 B での速度ヘッドは次式のようになる。

$$\frac{V_B^2}{2g} = H\left[\sum_i \left(\lambda_i \frac{l_i}{d_i}\right)\left(\frac{d_B}{d_i}\right)^4 + \sum_j \zeta_j \left(\frac{d_B}{d_j}\right)^4 + 1\right]^{-1} \tag{5.72}$$

ここで，添え字 j はバルブなど局所損失を引き起こす管路要素を表す。最終的に，管路の流量は次式で与えられる。

$$Q = \frac{\pi d_B^2}{4} \sqrt{\frac{2gH}{\sum_i \left(\lambda_i \frac{l_i}{d_i}\right)\left(\frac{d_B}{d_i}\right)^4 + \sum_j \zeta_j \left(\frac{d_B}{d_j}\right)^4 + 1}} \tag{5.73}$$

各部分の管路内径が d で一定の場合，管路流量の式は下記に簡略される。

$$Q = \frac{\pi}{4} d^2 \sqrt{\frac{2gH}{\sum_i (\lambda_i l_i/d) + \sum_j \zeta_j + 1}} \tag{5.74}$$

5.6 管路系の総損失とエネルギーの保存

例題 5.7

図 5.24 に示すように，2 個のタンクを直径 d，長さ L の円管で連結し，左のタンク A から右のタンク B へ液体を放流する．大気開放型のタンク B の液面からタンク A の液面までの高さは H である．タンク A から円管入口損失係数を ζ_{in}，管摩擦損失係数を λ，バルブの損失係数を ζ_v，円管からタンク B へ流出口損失係数を ζ_o とする．このときの液体放出流量 Q を求めよ．

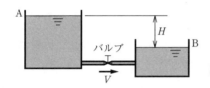

図 5.24　管路の損失と流量

解答

まず，円管中の平均流速を V とし，総損失ヘッド h_t を次式に表す．

$$h_t = \left(\lambda \frac{L}{d} + \zeta_{in} + \zeta_v + \zeta_o\right) \frac{V^2}{2g} \tag{5.75}$$

つぎに，流体が持つエネルギーの保存を考慮し，タンク A の液面からタンク B の液面まで修正ベルヌーイの式を適用すると，次式が得られる．

$$\frac{V_A^2}{2g} + \frac{p_A}{\rho g} + z_A = \frac{V_B^2}{2g} + \frac{p_B}{\rho g} + z_B + h_t \tag{5.76}$$

ここで，V_A, p_A, z_A と V_B, p_B, z_B はそれぞれタンク A とタンク B の液面降下速度，圧力と位置ヘッドを表す．円管の平均流速と比べると V_A, V_B は十分小さく，無視してもよい．また，開放タンクの液面圧力 p_A, p_B は大気圧となる．$z_A - z_B = H$ となり，式 (5.75) を式 (5.76) に代入すると次式を得る．

$$H = \left(\lambda \frac{L}{d} + \zeta_{in} + \zeta_v + \zeta_o\right) \frac{V^2}{2g} \tag{5.77}$$

したがって，管路の流量は次式で与えられる．

$$Q = \frac{\pi}{4} d^2 \sqrt{\frac{2gH}{\lambda(L/d) + \zeta_{in} + \zeta_v + \zeta_o}} \tag{5.78}$$

一般に，円管からタンク B への流出口での速度ヘッドはすべて損失となるから，$\zeta_o = 1.0$ となり，式 (5.78) は下記のように簡略化される．

$$Q = \frac{\pi}{4} d^2 \sqrt{\frac{2gH}{\lambda(L/d) + \zeta_{in} + \zeta_v + \zeta_o}} \tag{5.79}$$

5.6.4 流体の輸送と水動力

図 **5.25** に示すように，ポンプによって揚水する場合の動力を考える．水槽①から水槽②へ揚水するとき，バルブやベンドなど種々の管路要素を用いる．管路における摩擦損失ヘッドを h_f，形状変化に伴う局所損失ヘッドを h_s とし，水槽①と水槽②の液面まで修正ベルヌーイの式を適用すると次式のようになる．

$$\frac{V_1^2}{2g} + \frac{p_1}{\rho g} + z_1 + H_t = \frac{V_2^2}{2g} + \frac{p_2}{\rho g} + z_2 + \sum h_f + \sum h_s \tag{5.80}$$

ここで，H_t はポンプが水に与えるヘッドであり，ポンプの**全揚程**（total head）といい，両液面の高さの差 $H = z_2 - z_1$ はポンプを対象とするときは実揚程という．水槽液面の降下速度 V_1, V_2 を無視し，液面圧力を大気圧とする．式 (5.80) を整理すると，ポンプが与える全揚程は

$$H_t = H + \left(\sum h_f + \sum h_s\right) = H + h_t \tag{5.81}$$

となる．つまり，ポンプの全揚程は実揚程と総損失ヘッドとの和である．総損失ヘッドは，管摩擦損失ヘッドと各要素による損失ヘッドの和であるが，ポンプ吸い込み側損失ヘッド $h_{s,s}$ と吐出し側損失ヘッド $h_{s,d}$ の和として表すと，式 (5.81) は次式のように書き換えられる．

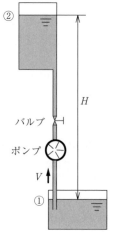

図 5.25 揚水ポンプ

$$H_\mathrm{t} = H + (h_\mathrm{s,s} + h_\mathrm{s,d}) \tag{5.82}$$

単位時間当りにポンプを通過する水の体積 Q を揚水流量といい，ポンプが単位時間に水に加えるエネルギー L_w は

$$L_\mathrm{w} = \rho g Q H_\mathrm{t} \tag{5.83}$$

となる．これを**水動力**（water power）という．

ポンプが運転するとき，ポンプの中でも軸摩擦損失や水力損失を生じ，軸からのポンプ駆動動力の一部が消耗されてしまう．ポンプの効率 η_P は有効水動力 L_w と軸動力 L_s との比と定義され，次式で表される．

$$\eta_\mathrm{P} = \frac{L_\mathrm{w}}{L_\mathrm{s}} \tag{5.84}$$

したがって，水を流量 Q で水槽①から水槽②へ輸送するため必要な動力は，次式で表される．

$$L_\mathrm{s} = \frac{\rho g Q H_\mathrm{t}}{\eta_\mathrm{P}} \tag{5.85}$$

水車の場合，流体の位置エネルギーを利用するので，利用可能な有効ヘッド H_e は，上流側液面と下流側液面の高さの差 H（水車を対象とするときは総ヘッドという）と総損失ヘッド h_t との差になる．すなわち

$$H_\mathrm{e} = H - \left(\sum h_\mathrm{f} + \sum h_\mathrm{s}\right) = H - h_\mathrm{t} \tag{5.86}$$

水車に利用可能な水動力は式 (5.83) で求められ，水車のエネルギー変換効率を η_T とすれば，水車で得られる動力は下記で表される．

$$L_\mathrm{s} = \rho g Q H_\mathrm{e} \eta_\mathrm{T} \tag{5.87}$$

5.6.5 管路網の流量配分

管路に分岐や合流管があって複数の流路が形成されるものを**管路網**（pipe network）と呼ぶ．管路網においては，各分岐流路における流量配分が問題となり，つぎの二つの条件を用いて解くことになる．

① 管路網内のいずれの点においても，流入流量と流出流量とは等しい（連続の式）

② 管路網にある閉管路において，これを1週する全損失ヘッドはゼロとなる。このとき，流体が時計まわりに流れるときの損失を正とすれば，逆方向では負として，閉管路に沿って損失ヘッドを合計する。

図5.26に示すような1本の管が途中で2本に分岐して再び合流する管路網を例として，その流量配分 Q_2/Q_1 を考える。管①は直径 d_1, 長さ L_1, 管摩擦係数 λ_1, 管②は直径 d_2, 長さ L_2, 管摩擦係数 λ_2 とする。管①と②における摩擦損失ヘッドは次式で表される。

図5.26 管路網の流量配分

$$h_1 = \lambda_1 \frac{L_1}{d_1} \frac{V_1^2}{2g} \tag{5.88}$$

$$h_2 = \lambda_2 \frac{L_2}{d_2} \frac{V_2^2}{2g} \tag{5.89}$$

ここで，①→②→①と1周での総損失ヘッドはゼロとなり，管内径に比べて管の長さは十分大きく，管摩擦以外分岐と合流の損失を考慮しなくてもよい場合，次式が成り立つ。

$$\lambda_2 \frac{L_2}{d_2} \frac{V_2^2}{2g} - \lambda_1 \frac{L_1}{d_1} \frac{V_1^2}{2g} = 0 \tag{5.90}$$

整理すると

$$\frac{V_2}{V_1} = \left(\frac{\lambda_1}{\lambda_2} \frac{d_2}{d_1} \frac{L_1}{L_2}\right)^{\frac{1}{2}} \tag{5.91}$$

よって，流量の割合は次式のように表せる。

$$\frac{Q_2}{Q_1} = \frac{V_2}{V_1}\left(\frac{d_2}{d_1}\right)^2 = \left(\frac{d_2}{d_1}\right)^{2.5}\left(\frac{L_1}{L_2} \frac{\lambda_1}{\lambda_2}\right)^{0.5} \tag{5.92}$$

この式から，流量比は管径比の増加に従って大きくなり，管長比の増加に従って小さくなることがわかる。また，連続の式より

$$Q_0 = Q_1 + Q_2 \tag{5.93}$$

となるから，つぎの関係

$$Q_0/Q_1 = 1 + Q_2/Q_1 \tag{5.94}$$

を式 (5.92) に代入すると，分岐管 ① の流量は次式で表される．

$$Q_1 = Q_0 \frac{(L_2/L_1)^{0.5}}{(L_2/L_1)^{0.5} + (d_2/d_1)^{2.5}(\lambda_1/\lambda_2)^{0.5}} \tag{5.95}$$

同様に，分岐管 ② の流量は次式で表される．

$$Q_2 = Q_0 \frac{(d_2/d_1)^{2.5}}{(\lambda_2/\lambda_1)^{0.5}(L_2/L_1)^{0.5} + (d_2/d_1)^{2.5}} \tag{5.96}$$

例題 5.8

図 5.27 に示すように，大きな開放タンクの側面に高さ z_2，長さ L，内径 d の水平な円管が接続されていて，仕切り弁を開いて円管から放流する場合を考える．タンク内液面の高さが z_1 であるとき，つぎの問に答えなさい．

(a) 管摩擦損失係数を λ，円管の入口損失係数を ζ_{in}，バルブの損失係数を ζ_V とするとき，円管出口の平均速度 V を求めよ．

(b) $z_1 = 100$ cm, $z_2 = 20$ cm, $L = 15$ m, $d = 10$ cm のとき，平均流速 V はいくらになるか．ここで，入口損失係数 $\zeta_{in} = 0.01$，バルブの損失係数 $\zeta_V = 1.0$，管摩擦係数 $\lambda = 0.03$ とする．

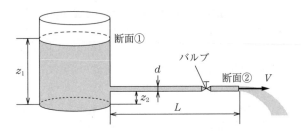

図 5.27　開放タンクから放流の概略図

解答

(a) 大気圧を p_0，液体の密度を ρ とし，管内平均速度は円管出口の液体の平均流速で代表されるものとする．タンク内の液面を断面 ① とし，円管出口の位置を断面 ② とし，修正ベルヌーイの式を適用すると次式が得られる．

$$\frac{V_1^2}{2g} + \frac{p_0}{\rho g} + z_1 = \frac{V^2}{2g} + \frac{p_0}{\rho g} + z_2 + h_t \tag{5.97}$$

ここで，断面 ① から ② までの総損失ヘッドは

$$h_\mathrm{t} = \lambda \frac{l}{d} \frac{V^2}{2g} + (\zeta_\mathrm{in} + \zeta_\mathrm{v}) \frac{V^2}{2g} \tag{5.98}$$

と書ける。タンク内液面の下降速度 V_1 は円管平均流速 V より十分小さく，無視できるとする。式 (5.98) を式 (5.97) に代入すると，平均速度 V を表す式が得られる。

$$V = \sqrt{\frac{2g(z_1 - z_2)}{\lambda \dfrac{l}{d} + (\zeta_\mathrm{in} + \zeta_\mathrm{v}) + 1}} \tag{5.99}$$

(b) 与えられた値を代入すると

$$V = \sqrt{\frac{2 \times 9.8 \times (1.0 - 0.2)}{0.03 \times \dfrac{15}{0.1} + (0.01 + 1.0) + 1}} = 1.55\,\mathrm{m/s}$$

すなわち，与えられた条件下では，放流の平均速度は $1.55\,\mathrm{m/s}$ になる。

演習問題

[5.1] 直径 20 mm の円管内に 20 ℃の水を 0.053 L/s の流量で流す。流れは層流か乱流か判断するとともに，臨界流速を求めよ。また，水温が 10 ℃上昇した場合はどうか。ただし，臨界レイノルズ数 Re_c は 2 300 とする。

[5.2] 内径 30 mm の円管内を 20 ℃で標準気圧の空気が平均流速 0.5 m/s で流れている。流れは層流か乱流かを判断せよ。また，管路の途中で内径 6 mm に縮小する。ここでの流れは層流か乱流かを判断せよ。

[5.3] 長さ L，直径 d のまっすぐな管を流量 Q の水が流れている場合，管の摩擦係数 λ が一定のとき，(a) 摩擦による損失ヘッド h_f，(b) この管壁に働くせん断応力 τ_w を求めよ。

[5.4] 内径 $d = 60$ mm，長さ $L = 400$ m の水平管路を比重 $\gamma = 0.85$ の油が $Q = 0.120\,\mathrm{m}^3/\mathrm{min}$ の割合で流れている。管路における圧力降下が $\Delta p = 250$ kPa であるとき，油の粘度 μ を求めよ。ただし，管内の流れは層流とする。

[5.5] 内径 $d = 50$ mm，長さ $L = 100$ m の管路内を，粘度 $\mu = 0.020\,\mathrm{Pa \cdot s}$，密度 $\rho = 900\,\mathrm{kg/m}^3$ の油が流量 $Q = 12$ L/min で流れるとき，(a) 管内最大流速，(b) 圧力勾配，(c) 圧力損失，(d) 円管壁面のせん断応力を求めよ。

[5.6] 内径 200 mm，長さ 300 m の水平な鋳鉄管内を，温度 20 ℃，流速 2.5 m/s で水が流れている。管摩擦による損失圧力を求めよ。ただし，ムーディ線図と図

演 習 問 題

5.11 の実用管相対粗度を使用して管摩擦係数を求めること。

〔**5.7**〕 全長 2 km, 内径 500 mm の滑らかな円管によって, 比重 0.85, 動粘度 10.0 mm^2/s の油を毎秒 90 L で送油したい。円管入口と出口の圧力差をどのくらいにすればよいか。

〔**5.8**〕 断面積が大きな開放タンクの側壁に, 内径 d, 長さ L のまっすぐな円管が取り付けられ, 大気中へ水を放出している。円管の位置から測定した水位が H であるとき, (a)すべての損失を無視した場合の管出口における水の流速 V, (b)管摩擦のみを考慮した場合の管出口における水の流速 V を求めよ。

〔**5.9**〕 水深が H の大きな開放式水槽の底に, 内径 d, 長さ L の円管を垂直に取り付けて大気中へ放流している。(a)円管水中の流量を求めよ。(b)水槽の水深 $H = 1.0$ m, 円管の直径 $d = 20$ mm, 長さ $L = 5.0$ m, 管摩擦係数 $\lambda = 0.02$, 円管入口における損失係数 $\zeta_{in} = 0.5$ のとき, 管内の平均流速 V を求めよ。このとき, 管内流れのレイノルズ数はいくらか。ただし, 水の動粘度は $\nu = 1.0 \times 10^{-6}$ m^2/s である。

〔**5.10**〕 水平面に垂直して配置した内径 $d = 60$ mm の円管内を, 密度 $\rho = 900$ kg/m^3, 動粘度 $\nu = 2.0 \times 10^{-4}$ m^2/s の油が流れている。圧力変化を測定した結果, 高さ $z_1 = 1.0$ m の断面 ① における圧力は $p_1 = 350$ kPa, 高さ $z_2 = 7.0$ m の断面 ② における圧力は $p_2 = 250$ kPa である。管内の流れは層流だと仮定して, (a)流れの方向を判断せよ。(b)断面 ① と断面 ② の間の圧力損失 Δp を求めよ。(c)管内平均流速 V を求めよ。(d)流量 Q を求めよ。(e)流れが層流とした仮定は妥当であったか確かめよ。

〔**5.11**〕 大きな水槽から直径 20 cm の管で水を放流する。管出口から水槽水面までの高さは 30 m, 管の長さは 1000 m であり, 管路には 2 個の 90° ベンドおよび 1 個の仕切弁が用いられている。管摩擦係数 $\lambda = 0.03$, 管入口損失係数 $\zeta_{in} = 0.5$, ベンドの損失係数 $\zeta_B = 0.135$ とし, 仕切弁が全開したとき, 管路の流量を求めよ。また, 入口損失とベンドと弁の損失を無視した場合, 流量の見積もりは何%変わるか。

〔**5.12**〕 問図 5.1 にポンプの吸入管を示す。管径は $d = 10$ cm で, 鉛直部の長さは $L_1 = 3.0$ m であり, そのうち 1.5 m は水中にある。90° のエルボを経て水平部長さは $L_2 = 3.0$ m である。管内平均流速は 4.0 m/s, 管入口逆止めバルブの損失係数は 1.56, エルボの損失係数は 1.0, 管摩擦損失係数は 0.025 であるとき, ポンプ入口における圧力を求めよ。

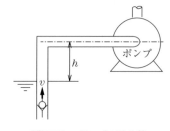

問図 5.1 ポンプの吸入管

> **コーヒーブレイク**

ウォータージェット

　ウォータージェットとは，直径 0.1 〜 数 mm 程度のノズルを用いて水を加圧・噴射することで得られる高速水噴流であり，加工物の洗浄や材料の表面改質，ゴムなど軟質材料の加工に用いられる。加工時に温度の上昇がないことや，粉塵の発生がないなど，他の加工方法にない利点がある。水のパワーを利用して金属など硬質材料の加工を行うために，水噴流に研磨材粒子を混入するアブレシブ・ジェットが開発され，ウォータージェットの加工能力は飛躍的に向上した。アブレシブ・ジェットは，その形成手法によってノズルヘッドの中で加速された水の噴流中に研磨材粒子を混入するアブレシブ・インジェクション・ジェット（AIJ）と，あらかじめ水に研磨材粒子を混入したスラリーを加圧して噴射するアブレシブ・サスペンション・ジェット（ASJ）の2種類に大別される。同じ噴射圧力の場合，ASJ はより優れた加工能力を持っているため，原子炉の解体など水中構造物の切断への適用が期待されている。

　細いノズルから高速で噴出するウォータージェットは，一般にキャビテーションを伴い，その流れは複雑な混相流になる。噴射ノズルによるエネルギー損失を低減し，ウォータージェットの加工性能を向上させるため，その流れ構造を解明し，ジェット噴射ノズルの構造を工夫することが必要である。図に水中ウォータージェットの様子を示す。この写真は，透過光で撮影したためジェットに伴う微細気泡は黒く見える。

図　水中ウォータージェットの高速ビデオカメラ写真（噴射圧力 10 MPa）
（日本大学工学部機械工学科彭研究室提供）

6章 物体周りの流れ

◆ 本章のテーマ

本章では，一様流中に物体が置かれた場合の，物体に作用する抗力と揚力，それに対応した流れのパターンとレイノルズ数の依存特性の関係を学ぶ．対象とする物体は，円柱や角柱，球，翼，平板などの基本的形状物体である．これらの流れの様子やメカニズム，流体力の特性は，橋梁や高層ビル，高速車両のパンタグラフや扇風機の羽根車，自動車の車体などで実際に起こっている流体現象を単純化しているものであり，これらを活用して実際の建築構造物や工業製品の流体設計での現象解明や有効な対策法を考えることができるようになることを目指す．

◆ 本章の構成（キーワード）

6.1 相似則
　　　レイノルズ数，模型試験
6.2 物体に働く抗力と揚力
　　　せん断応力，圧力，抗力係数，揚力係数，摩擦抗力，形状抗力
6.3 円柱周りの流れ
　　　双子渦，カルマン渦，ストローハル数，はく離，乱流遷移，ストークスの流れ
6.4 翼周りの流れ
　　　翼形，流体力，性能曲線，誘導抗力，翼面圧力分布，失速，はく離泡
6.5 境界層
　　　境界層厚さ，境界層速度分布，層流境界層，乱流境界層，境界層制御
6.6 噴流と後流
　　　せん断層，ポテンシャルコア，速度欠損，流速分布，噴流幅，後流幅

◆ 本章を学ぶと以下の内容をマスターできます

- 物体に作用する抗力・揚力とその評価方法
- 境界層厚さの定義と算出方法
- 層流境界層と乱流境界層の速度分布と壁面摩擦抗力
- 翼形の定義，翼性能と翼周り流れの関係
- 噴流と後流の速度分布とその発達

6.1 相似則

図 **6.1** に示すような飛行機の周りの流れについて知りたいとき,風洞実験で幾何学的に相似な飛行機の模型を用いてその周りの流れを調べることができる。このとき,模型周りの流れと実物周りの流れが力学的に相似である必要がある。流れにおいては,レイノルズ数が等しいと力学的な相似が得られ,それぞれにおける代表速度と代表長さで無次元化した力学的諸量が等しくなる[†]。

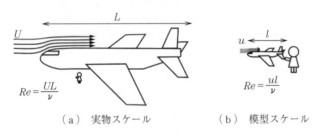

図 **6.1** 幾何学的相似とレイノルズ数

例題 6.1

図 6.1 において,実物と模型のレイノルズ数が等しいとき,模型スケールにおける流速 u を U,L および l を用いて表せ。ただし,動粘性係数 ν は等しいとする。

解答

両スケールのレイノルズ数が等しいので

$$Re = \frac{UL}{\nu} = \frac{ul}{\nu} \tag{6.1}$$

という関係が成り立つ。これを流速 u について整理すると

$$u = \frac{L}{l} U \tag{6.2}$$

となり,模型スケールの流速が実物スケールの L/l 倍必要であることがわかる。

[†] p.143 のコーヒーブレイクを参照。なお,飛行機が巡航する上空と地上では空気の状態が異なるため,マッハ数も揃える必要がある。

6.2 物体に働く抗力と揚力

6.2.1 揚力係数と抗力係数

流れの中に物体が置かれた場合に，図 6.2 に示すようにその物体表面の接線方向と法線方向に，それぞれ壁面せん断応力 τ_w と圧力 p が作用する。これらを物体表面で積分すると，物体に作用する流体力が得られるが，局所的な壁面せん断応力 τ_w と圧力 p をすべての物体表面に対して実験的に求めるのはとても困難であるので，一般には式 (6.3)，(6.4) および図 6.3 に示すように，流体力の合力 R を流れ方向の力 D と流れに対して鉛直方向（上向きを正とする）に分解した力 L を求めて流体力を評価する。これらを，それぞれ**抗力**（drag），**揚力**（lift）と呼ぶ。

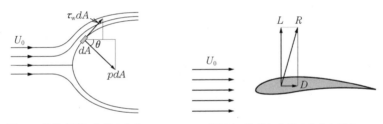

図 6.2 物体表面に作用する力　　図 6.3 物体に作用する力と抗力

例えば，航空機が離陸するためには，機体に作用する重力に打ち勝つだけの揚力が必要となり，推進するためには，抗力に打ち勝つだけの推力が必要となる。これらは物体の形状が決まると概ね同じ性能となるが，大きさや速度に応じて変化する。このため，動圧 $1/2\rho U_0^2$ と物体の面積 S により無次元化することで，大きさや速度の影響を取り除いた揚力係数 C_L，抗力係数 C_D にて評価が行われる。主要な物体形状では，一般に揚力係数および抗力係数の数値が知られており，動圧と面積 S を乗じると，実際の揚力 L と抗力 D が算出できる。ここで，ρ は流体の密度，U_0 は流れの速度を表す。

$$L = C_L \times \frac{1}{2} \rho U_0^2 S \tag{6.3}$$

$$D = C_D \times \frac{1}{2}\rho U_0^2 S \tag{6.4}$$

6.2.2 抗力の種類

抗力は，発生原因に応じておもに以下の2種類に分類することができる。

・**摩擦抗力**： 物体表面には流体の粘性によるせん断応力が，流れ方向に作用している。これによる力を物体表面全体にわたって積分したものが摩擦抗力である。

・**形状抗力あるいは圧力抗力**： 流れが物体からはく離すると，それによる物体背面に生じる低圧と物体正面に生じるよどみ点圧力との差により抗力が発生する。この抗力は，物体の形状に依存するため形状抗力，あるいは物体正面・背面間の圧力差によるため，圧力抗力と呼ばれる（図 **6.4**）。

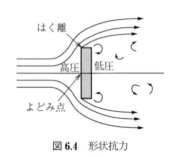

図 **6.4** 形状抗力

6.2.3 物体形状と抗力係数

基本的な形状の物体に作用する抗力係数は，表 **6.1** のようになることが知られている。これらは，表面粗さや流体の粘性，密度，乱れ，レイノルズ数によって影響を受ける。抗力係数は，鈍頭物体では大きく，流線型に近い形状の物体では小さいことがわかる。

6.2 物体に働く抗力と揚力

表 6.1 種々の物体の抗力係数

(a) 2次元物体

物体形状		基準面積 S	抗力係数 C_D
円柱			1.17
半円板（前向き）			1.20
半円板（後向き）		$d \times 1$ ※奥行き方向（紙面に垂直な方向）の長さは1とする	2.30
正四角柱（迎角 0°）			2.05
正四角柱（迎角 45°）			1.55
正三角柱			1.70
平板			1.98

(b) 3次元物体

物体形状		基準面積 S	抗力係数 C_D
球			0.47
半球面（前向き）		$\dfrac{\pi}{4}d^2$	0.42
半球面（後向き）			1.42
立方体（迎角 0°）		d^2	1.05
立方体（迎角 45°）			0.80
円錐 ($\theta = 20°$) ($\theta = 40°$) ($\theta = 60°$)		$\dfrac{\pi}{4}d^2$	0.40 0.65 0.80

表 6.1　種々の物体の抗力係数

(b)　3次元物体（つづき）

物体形状	基準面積 S	抗力係数 C_D
円　板	$\dfrac{\pi}{4}d^2$	1.17
乗用車（セダン）	正面投影面積	0.30
トラック		0.96

例題 6.2

直径 d で長さが L の支柱が流速 U の一様流中に設置されている．これを最大厚み t が支柱の直径と同程度の矩形の翼形にした場合に，抗力がどのぐらい小さくできるかを求めよ．ただし，最大厚み t は翼弦長 c の 12 % とし，この翼形の迎角 $0°$ での抗力係数 C_{Da} を 0.01 とする．

解答

支柱の抗力 D_c は，面積が dL であるので，次式のようになる．

$$D_c = \frac{1}{2}\rho U^2 dL C_D$$

翼形の抗力 D_a は，面積が cL であるので，次式のようになる．

$$D_a = \frac{1}{2}\rho U^2 cL C_{Da}$$

翼形の最大厚みは支柱の直径 d と同程度であるので

$$t = \frac{12}{100}c = d \quad \therefore \frac{c}{d} = \frac{100}{12}$$

となる．D_a と D_c の比をとると

$$\frac{D_a}{D_c} = \frac{\frac{1}{2}\rho U^2 cL C_{Da}}{\frac{1}{2}\rho U^2 dL C_D} = \frac{c}{d}\frac{C_{Da}}{C_D} = \frac{100}{12}\frac{C_{Da}}{C_D}$$

となる．表 6.1 より円柱の抗力係数 C_D は 1.17 であるので，D_a は

$$D_a = \frac{100}{12}\frac{C_{Da}}{C_D}D_c = \frac{100}{12}\times\frac{0.01}{1.17}D_c = 0.071 D_c$$

となる．よって，翼形の抗力は円柱の抗力の 7.1 % になる．

コーヒーブレイク

力学的相似と相似パラメータ

物体周りの流れによって生じる力や流れそのものを調べるために風洞実験や水槽実験が行われる。自動車メーカーは実車を用いて風洞実験を行っているが，鉄道，飛行機，船，ビルなどのように実物による実験が困難な場合にはサイズを縮小した模型を用いて実験を行う。模型と実物はすべての寸法比が等しく，相似な形状でなければならない（幾何学的相似）。では，流速はどのように設定したらよいであろうか。

大きさが実物の1/10の模型を用いて実験する場合，流速も1/10にすればよいのであろうか。何を目的に実験を行うのか思い出してみよう。「流体による力」を調べるために実験が必要になったはずである。つまり，力の関係も相似になるように実験しなければならない。これを力学的相似と呼ぶ。したがって，幾何学的相似と力学的相似がともに満足されるとき，二つの流れ（実物と模型実験）が相似であるといえる（相似則）。

流体が運動しているため，流体には「慣性力」が必ず働く。この慣性力以外に流体に作用する代表的な力は「重力」，「粘性力」，「圧力による力」，「表面張力による力」が挙げられるであろう。したがって，運動している流体に必ず作用している力「慣性力」とこれらの力の比が等しければ力学的に相似な流れといえる。流体に作用するすべての力の比を等しくすることは難しいため，対象とする流れにとって支配的となる力の比が等しくなるように流速を定める。この力の比を相似パラメータと呼び，模型を用いて実験する際には流れに応じて適切な相似パラメータを選び，相似パラメータを等しくする必要がある。

【代表的な相似パラメータ】

・レイノルズ数（Reynolds number）Re：慣性力と粘性力が支配的な場合

$$Re = \frac{\rho U^2 L^2}{\mu \frac{U}{L} L^2} = \frac{UL}{\nu} \left(\frac{慣性力}{粘性力} \right)$$

・オイラー数（Euler number）E：慣性力と圧力が支配的な場合

$$E = \frac{\Delta p L^2}{\rho U^2 L^2} = \frac{\Delta p}{\rho U^2} \left(\frac{圧力による力}{慣性力} \right)$$

・フルード数（Froude number）Fr：慣性力と重力が支配的な場合

$$Fr = \sqrt{\frac{\rho U^2 L^2}{\rho g L^3}} = \frac{U}{\sqrt{gL}} \left(\sqrt{\frac{慣性力}{重力}} \right)$$

・ウェーバー数（Weber number）We：慣性力と表面張力が支配的な場合

$$We = \frac{\rho U^2 L^2}{\sigma L} = \frac{\rho U^2 L}{\sigma} \left(\frac{慣性力}{表面張力による力} \right)$$

> **コーヒーブレイク**

次元解析

流体力学に関する現象は複雑な場合も多く，現象を物理法則に基づいた式で表すことができないこともある。解析的に解けない現象においても，長さ，質量，時間，温度などの基本単位の関係性を予測できれば，その現象を表す式を大体の形を決めることができる。物理的な関係を表す式の両辺（各項も）の次元は一致していなければならない。したがって，この関係を利用すると，次元を一致させるように，関係する基本単位を組み合わせることによって，現象を表す式を予測することができる。このように次元に基づいて式を予測する解析方法を次元解析と呼ぶ。

基本単位は，長さ：L，質量：M，時間：T，温度：θ の記号で表す。これらを組み合わせることによってすべての物理量の次元を表すことができる。

現象を表す式は，両辺の次元が一致しているため，両辺の比を採った無次元数として表すことができる。現象に n 個の物理量が関係し，これらの物理量が m 種の基本単位で構成されているとすると，物理量のべき乗積からなる $n-m$ 個の無次元数（π ナンバーと呼ぶ）の関係として表すことができる。この関係を**バッキンガムの π 定理**と呼ぶ。π ナンバーは用いる物理量の個数と組合せにより複数の組合せが考えられるが，どのような組合せが良いかは実験結果などとの比較検討が必要である。

無次元量を作るには，n 個の物理量の中から任意の $m+1$ 個を取り出し，かつ n 個の物理量のどれも少なくとも1回どれかの無次元量 π の中に含まれるようにする必要がある。

流体中を移動する球に作用する抵抗に関係する式を次元解析から求めてみる。球の抗力 D [N = kg·m/s^2] に関係する物理量は，球の直径 d [m]，球の移動速度 U [m/s]，流体の密度 ρ [kg/m^3]，流体の粘度 μ [Pa·s = kg/(ms)] の五つが考えられる。これらは質量[kg]，長さ[m]，時間[s]の3種類の基本量で構成さる。したがって，物理量の数 n は5であり，基本量の数 m は3であるので，$n-m=5-3=2$ となり，2個の無次元量の関係として表すことができる。すなわち，2個の π ナンバー（無次元数）が存在する。

5個の物理量の中から任意の $m+1=3+1=4$ 個の物理量を取り出すと，つぎの2通りで π ナンバーを決めることができる。

【4個の物理量として D, ρ, U, d を選ぶ場合】

$\pi_1 = D\rho^x U^y d^z$ [-]

6.2 物体に働く抗力と揚力

π_1の単位：$\dfrac{\text{kg} \cdot \text{m}}{\text{s}^2} \times \left(\dfrac{\text{kg}}{\text{m}^3}\right)^x \times \left(\dfrac{\text{m}}{\text{s}}\right)^y \times (\text{m})^z$

上式は無次元となるため，三つの基本量に関わる乗数はすべて0になる必要がある。したがって，以下の連立方程式の関係となり，その解は以下のとおりである。

$$\begin{cases} [\text{kg}] : 1 + x = 0 \\ [\text{m}] : 1 - 3x + y + z = 0 \\ [\text{s}] : -2 - y = 0 \end{cases} \quad \therefore \begin{cases} x = -1 \\ y = -2 \\ z = -2 \end{cases}$$

これより，πナンバーは

$$\pi_1 = D\rho^{-1}U^{-2}d^{-2} = \dfrac{D}{\rho U^2 d^2}$$

となるので，これに定数を付け加えると，以下のように抗力係数C_Dが得られる。

$$\pi_1 = \dfrac{D}{\dfrac{1}{2}\rho U^2 \dfrac{\pi}{4} d^2} = C_\text{D}$$

【4個の物理量としてμ, ρ, U, dを選ぶ場合】

$\pi_2 = \mu \rho^x U^y d^z \; [-]$

π_2の単位：$\dfrac{\text{kg}}{\text{m} \cdot \text{s}} \times \left(\dfrac{\text{kg}}{\text{m}^3}\right)^x \times \left(\dfrac{\text{m}}{\text{s}}\right)^y \times (\text{m})^z$

上式は無次元となるため，三つの基本量に関わる乗数はすべて0になる必要がある。したがって，以下の連立方程式の関係となり，その解は以下のとおりである。

$$\begin{cases} [\text{kg}] : 1 + x = 0 \\ [\text{m}] : -1 - 3x + y + z = 0 \\ [\text{s}] : -1 - y = 0 \end{cases} \quad \therefore \begin{cases} x = -1 \\ y = -1 \\ z = -1 \end{cases}$$

これより，πナンバーは

$$\pi_2 = \mu \rho^{-1} U^{-1} d^{-1} = \dfrac{\mu}{\rho U d} = \dfrac{\nu}{Ud}$$

となる。分子と分母を入れ替えても無次元であることには変わりないので，そのようにすると，以下のようにレイノルズ数Reが得られる。

$$\pi_2 = \dfrac{Ud}{\nu} = Re$$

このように円柱の支柱を翼形化すると抗力が大幅に低減できるので，模型の空気試験では円柱形の支柱に翼形カバーを付けて支柱の抗力を低減させて計測値への支柱の影響を小さくすることが行われる．

6.3 円柱周りの流れ

6.3.1 レイノルズ数と流れのパターン

一様流中に円柱が置かれているとき，その後流は，代表流速と代表長さをそれぞれ一様流速 U_0 と円柱の直径 d としたレイノルズ数 Re により，大きく異なった流れのパターンになる．代表長さのとり方は対象とする流れによって変わり，管内流れでは管内径を，翼周り流れでは翼弦長を，自動車の車体周りの流れでは車長をとる．

$$Re = \frac{U_0 d}{\nu} \tag{6.5}$$

レイノルズ数と対応する流れの様子は，図 6.5 に示すようにおおまかに以下のようになる．

$Re < 6$ の流れは，理想流体の場合と同様に流れは円柱に沿って流れる．

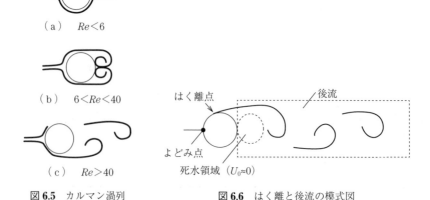

（a） $Re<6$

（b） $6<Re<40$

（c） $Re>40$

図 6.5　カルマン渦列

図 6.6　はく離と後流の模式図

6.3 円柱周りの流れ

$6 < Re < 40$ の流れでは，円柱表面のある位置ではく離を生じ，円柱背後に一対の定常な渦を形成する．この渦を双子渦と呼ぶ．はく離は流線が壁面から離れ，その後方に逆流を伴う循環領域ができる状態のことをいう．レイノルズ数の増大に伴い，双子渦の長さが増し，下流側よりゆらぎ始める．

$Re > 40$ の流れでは，双子渦は安定に存在せずに交互に円柱からはく離して正負の渦が生じる振動流が発生する．はく離した流れは，**図 6.6** のように下流で一定間隔を保った千鳥状の列を形成する．この渦列を**カルマン渦列**（Karman vortex street）という．

6.3.2 カルマン渦列とストローハル数

カルマン渦列により円柱は周期的な揚力変動を受ける．カルマン渦の渦放出周波数 f，円柱の直径 d，一様流速 U_0 により式 (6.6) で定義される**ストローハル数**（Strouhal number）St で整理すると，レイノルズ数が 5×10^2 から 2×10^5 の範囲では一定値 0.2 をとる（**図 6.7**）．角柱では一定値 0.135 をとる．**図 6.8** に示すように，カルマン渦列の主流に直角な方向の間隔は概ね円柱の直径に等しく，主流方向の間隔は概ね U_0/f である．ストローハル数は無次元周波

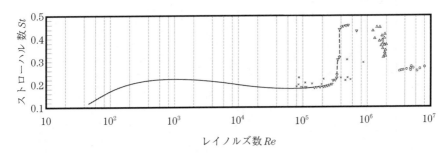

図 **6.7** 円柱のストローハル数

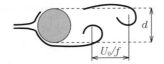

図 **6.8** カルマン渦列とストローハル数

数を表すが，本質的にはカルマン渦列のこのような性質に基づく物理量であり，物体背後に形成されるカルマン渦列の主流方向の間隔と主流に直角な方向の間隔の比と考えることができる．また，上記の特性を利用して物体後流渦の流速変動の周波数の計測値からストローハル数を仮定して代表長さを算出することで，渦放出の源となる物体の寸法を特定することができる．

$$St = \frac{fd}{U_0} \tag{6.6}$$

円柱の固有振動数とカルマン渦の渦放出周波数が接近すると，円柱の振動が励起され，固有振動数に同期して渦が放出されるようになる．これをロックイン現象という．構造物の固有振動数と渦放出周波数が一致してしまうととても危険であり，国内での高速増殖炉もんじゅのナトリウム漏洩事故や，米国のタコマ橋の崩落事故が実例としてある．

6.3.3 はく離と圧力分布，抗力係数の特性

レイノルズ数 Re に対する円柱の抗力係数 C_D の変化を図 **6.9** に，前方よどみ点（図 6.6）を基準とした角度 θ に対する円柱表面の圧力分布を図 **6.10** に，

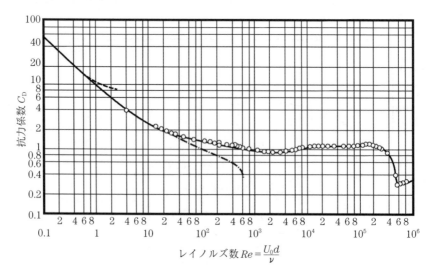

図 **6.9** 円柱の抗力係数

6.3 円柱周りの流れ

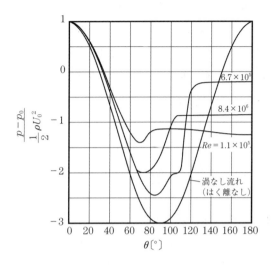

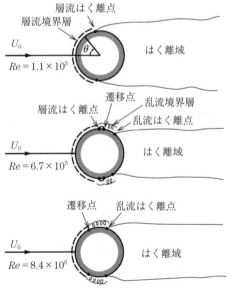

図 6.10 円柱周りの流れ

それぞれ示す。

図 6.9 の抗力係数 C_D は直径を d, 円柱の長さを l を用いて円柱の正面投影面積を基準として, 式 (6.7) により算出されている。円柱に働く抗力は, レイ

ノルズ数 Re が十分小さいときには摩擦抗力が支配的であり，レイノルズ数 Re の増加とともに抗力係数 C_D がゆるやかに減少する．カルマン渦列が発生すると，前方よどみ点から約 $80°$ の位置で層流境界層がはく離し，この位置をはく離点と呼ぶ．このレイノルズ数では形状抗力が支配的となり，レイノルズ数 Re の増加に対して抗力係数 C_D はほぼ一定となる．圧力分布における $80°$ 以降の圧力一定の領域は，はく離点より下流のはく離領域に対応する．レイノルズ数 Re が 5×10^5 付近に達すると抗力係数 C_D が急速に低下して 0.4 程度となる．これは円柱表面の層流境界層がいったんはく離し，乱流遷移してから再付着することで，最終的なはく離点が約 $120°$ の位置まで後退して円柱背面の低圧領域が縮小し，形状抗力が減少することによるものである．このときのレイノルズ数 Re を臨界レイノルズ数 Re_c といい，円柱表面の粗さや主流の乱れなどにより影響を受ける．さらにレイノルズ数 Re を増加させると，層流境界層がはく離せずに乱流遷移し，最終的なはく離点が前進して円柱背面の低圧領域が再び拡大することにより，抗力係数 C_D は増加する．

$$C_D = \frac{D}{\frac{1}{2}\rho U_0^2 dl} \tag{6.7}$$

レイノルズ数 Re に対する球の抗力係数 C_D の変化を図 6.11 に示す．球のレイノルズ数は代表長さに球の直径 d を用い，抗力係数 C_D は式 (6.8) により定義されている．球の場合も円柱と同様に，明確な臨界レイノルズ数があり，境界層の遷移が生じる．層流境界層を強制的に乱流遷移させ，はく離点を後退させることで抗力を低減させることができる．例えば，ゴルフボール（図 1.7）のディンプル（表面の凹凸）として実用化されており，これにより滑面のボールに比べて飛距離が大きく伸びる．

$$C_D = \frac{D}{\frac{1}{2}\rho U_0^2 \frac{\pi}{4} d^2} \tag{6.8}$$

粉末などの微粒子が流体中に沈殿するような場合は微粒子周りの流れは，レ

6.3 円柱周りの流れ

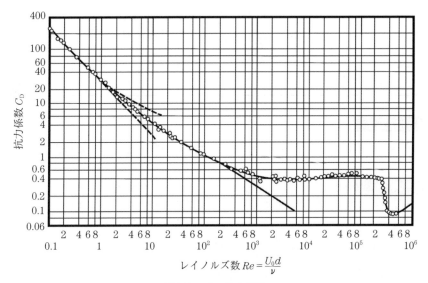

図 **6.11** 球の抗力係数

イノルズ数が非常に小さい流れとなる。このような球の周りの遅い流れは**ストークスの流れ**（Stokes' flow）としてよく知られており，流れ場は慣性力に比べて粘性力が支配的となる。低いレイノルズ数の流れでは慣性力を無視して流れ場の理論解を近似的に求める，**ストークス近似**（Stokes' approximation）により，式 (6.9) のように球に作用する抗力を算出することができる。この式は $Re<1$ で実験値とよく一致し，**ストークスの式**（Stokes' equation）という。

$$\begin{cases} D = 3\pi\mu U_0 d \\ C_D = \dfrac{24}{Re} \end{cases} \tag{6.9}$$

例題 6.3

ストークスの式の $C_D = 24/Re$ を導け。

解答

抗力係数の定義より

$$C_D = \frac{D}{\frac{1}{2}\rho U_0^2 \frac{\pi}{4} d^2} = \frac{3\pi \mu U d}{\frac{1}{2}\rho U_0^2 \frac{\pi}{4} d^2} = \frac{24\mu}{\rho U_0 d} = \frac{24\nu}{U_0 d} = \frac{24}{Re}$$

となる。

例題 6.4

直径 d の球が空気中を落下しているとき，球の落下速度 V を求めよ。

解答

球の密度を ρ_s，質量を m とすると，球に作用する重力 W は以下のようになる。

$$W = mg = \rho_s \frac{4}{3}\pi\left(\frac{d}{2}\right)^3 g = \frac{\pi \rho_s g d^3}{6}$$

球に作用する空気抵抗 D は，空気の密度を ρ_a，球の投影面積を S とすると，以下のようになる。

$$D = C_D \times \frac{1}{2}\rho_a V^2 S = C_D \times \frac{1}{2}\rho_a V^2 \times \frac{\pi d^2}{4} = \frac{\pi \rho_a V^2 d^2}{8} C_D$$

球に作用する浮力 F は

$$F = \rho_a \frac{4}{3}\pi\left(\frac{d}{2}\right)^3 g = \frac{\pi \rho_a g d^3}{6}$$

球に作用する空気抵抗および浮力と重力が釣り合うので，次式が成立する。

$$D + F = W$$

$$\frac{\pi \rho_a V^2 d^2}{8} C_D + \frac{\pi \rho_a g d^3}{6} = \frac{\pi \rho_s g d^3}{6}$$

$$\frac{\pi \rho_a V^2 d^2}{8} C_D = \frac{\pi(\rho_s - \rho_a) g d^3}{6} \tag{6.10}$$

よって，球の落下速度は以下のようになる。

$$V = \sqrt{\frac{4}{3}\left(\frac{\rho_s}{\rho_a} - 1\right)\frac{gd}{C_D}} \tag{6.11}$$

また，この球の周りの流れが $Re < 1$ のような低レイノルズ数の流れでは，式 (6.9) および式 (6.10) より

$$\frac{\pi \rho_a V^2 d^2}{8} \frac{24}{Re} = \frac{\pi(\rho_s - \rho_a) g d^3}{6}$$

$$\frac{\pi \rho_a V^2 d^2}{8} \frac{24 \frac{\mu}{\rho_a}}{Vd} = \frac{\pi(\rho_s - \rho_a) g d^3}{6}$$

6.3 円柱周りの流れ

よって，低レイノルズ数流れの球の落下速度は以下のようになり，流体の密度 ρ_a と粘度 μ，球の密度 ρ_s と直径 d により決まることがわかる．

$$V = \frac{1}{18}\frac{\rho_s - \rho_a}{\mu}gd^2 \tag{6.12}$$

コーヒーブレイク

ポテンシャル流れの基礎

コンピュータを用いた流れのシミュレーション技術が発達する以前には流れの様子を表すのに数学を駆使して理想流体を仮定した理論が考えられた．この理論では複雑な流れを単純な流れの重合せで表すことができる．例えば，一様な斜流と渦を重ね合わせて斜めに放出される渦を表す．ここで，理想流体の 2 次元流れを考える．まず，速度 u, v に対して次式を満たすような**速度ポテンシャル**（velocity potential）と呼ばれる関数 $\phi(x, y)$ が考えられた．

$$u = \frac{\partial \phi}{\partial x}, \quad v = \frac{\partial \phi}{\partial y} \tag{a}$$

速度ポテンシャルを持つ流れを**ポテンシャル流れ**（potential flow）といい，式 (a) は渦度を表す式 (3.1) に代入すると $\omega = (0, 0)$ になるため，ポテンシャル流れは渦なしの流れとなる．これは現実には存在しないものの，粘性の影響を無視できるような流れを近似するものとして重要である．

次式を満たす関数 $\psi(x, y)$ を**流れ関数**（flow function）といい，これが一定の式は流線を表す．また，式 (a) は連続の式を満たす．

$$u = \frac{\partial \psi}{\partial y}, \quad v = -\frac{\partial \psi}{\partial x}$$

速度ポテンシャルと流れ関数を一つの式で表すように考えられたのが，以下の複素数を用いた**複素ポテンシャル**（complex potential）である．

$$\begin{cases} W(z) = \phi(z) + i\psi(z) \\ z = x + iy \end{cases}$$

これを z で微分すると

$$\frac{dW}{dz} = \frac{\partial W}{\partial x} = \frac{\partial W}{i\partial y} = u - iv$$

となり，x と iy それぞれに関して偏微分したものが等しくなる特徴がある．ここで，x 軸に平行な一様流を対象にポテンシャル流れの理論を確認してみる．

一様流の複素ポテンシャルは，以下のように表せることが知られている．

$$W = Uz \quad (U \text{ は実数})$$

これを展開すると
$$W = Uz = U(x + iy) = Ux + iUy$$
となり，複素ポテンシャルの定義より速度ポテンシャルと流れ関数が次式のように定まる．
$$\phi = Ux, \quad \psi = Uy$$
$\psi =$ 一定，すなわち y が一定となる線が流線であるので
$$y = 0, \pm 1\cdots$$
となり，これは x 軸と平行な無数の直線を表す．つぎに，流速ベクトルを求めるために dW/dz を計算すると
$$\frac{dW}{dz} = U(= u - iv)$$
となるので，係数比較より
$$u = U, \quad v = 0$$
と定まる．これより，流速ベクトルは $\boldsymbol{u} = (U, 0)$ となり，流速の大きさが U で x 軸と平行な向きに流れる一様流となることがわかる．このほか，角を回る流れ，わき出しと吸い込み，渦，二重わき出しなどの単純な流れについての複素ポテンシャルがあり，一様流と二重わき出しの複素ポテンシャルを足し合わせると，円柱周りの流れを表す複素ポテンシャルになる．

6.4 翼周りの流れ

6.4.1 翼形と各部の名称と主要なパラメータ

翼は抗力を小さく揚力が大きくなるように設計された流線型の物体であり，図 6.12 に示すような構成を持つ．翼の性能はその平面形状と断面形状によっ

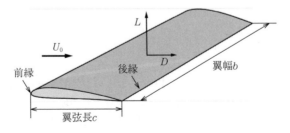

図 6.12 翼の構成

て大きく変わる．平面形状には，図 **6.13** に示すように矩形翼，テーパ翼，後退翼などがあり，**翼幅**（wing span）b，**翼弦長**（chord）c，**翼面積**（wing area）S およびアスペクト比のパラメータが翼性能に大きく関係する．翼面積 S は平面への最大投影面積であり，簡易的には翼幅 b と**平均翼弦長**（mean chord）$\bar{c}$ を用いて以下のように表される．

$$S = b\bar{c} \tag{6.13}$$

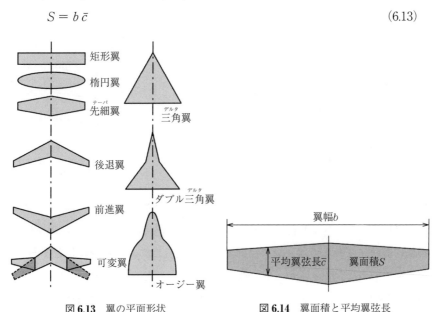

図 **6.13** 翼の平面形状   図 **6.14** 翼面積と平均翼弦長

矩形翼では翼幅方向ではどの位置でも翼弦長は等しいために $\bar{c} = c$ となるが，テーパ翼などでは位置により異なるため，図 **6.14** に示すように平均翼弦長 $\bar{c}$ を求めて用いる．アスペクト比（縦横比）は翼幅 b と幾何学的平均翼弦長 $\bar{c}$ との比で次式のように表される．

$$AR = \frac{b}{\bar{c}} \tag{6.14}$$

翼の断面形状は，図 **6.15** に示すようなパラメータで構成される．中心線は翼の上面と下面から等しい距離にある線であり，翼弦線は前縁と後縁を結ぶ直線であり，迎角を測る基準線となる．そり（キャンバ）は中心線と翼弦線との

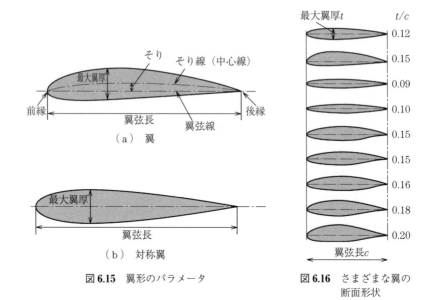

図 6.15 翼形のパラメータ

図 6.16 さまざまな翼の断面形状

高差で，その最大値を最大キャンバあるいは単にキャンバという。最大キャンバがゼロで，中心線が直線で翼弦線が一致する翼形を対称翼という。翼厚は中心線に直角に交わる直線が翼の上面と下面で切り取られる線分の長さであり，中心線に沿って変化するが，その最大値が最大翼厚として重要なパラメータとなる。翼弦長に対する最大翼厚の比を最大翼厚比という。翼形には図 6.16 に示すようにさまざまな種類があり，なかでも NACA4 字番号翼形は有名である[†]。

気流中に置かれた翼には，翼面に働く圧力と粘性によるせん断応力に基づく力の合力である流体力が作用する。図 6.17 のように，合力 R の作用点は翼幅の中央で翼弦線上の前縁に近いところにある点 G である。この作用点は**迎角**（angle of attack）α の変化とともに翼弦線上を移動するが，対称翼の場合は前

[†] 例えば，NACA2412 では，4桁の数字を左から順に示すと，以下のようになる。
【1桁目の数字】翼弦長に対する最大キャンバを示し，最大キャンバ2％を意味する。
【2桁目の数字】最大キャンバの位置を，翼弦長に対する前縁からの距離で示したものであり，40％を意味する。
【3桁目と4桁目の数字】最大翼厚比を示し，最大翼厚比12％を意味する。

6.4 翼周りの流れ

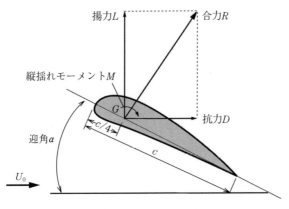

図 **6.17** 翼の受ける流体力

縁から1/4弦長（$c/4$）の位置付近でほとんど動かない。この合力は主流に直角な方向の力の揚力Lと主流方向の力の抗力Dに分解される。このほかに点Gまわりに縦揺れモーメントMが生じる。

揚力は翼を浮かせたり，ダウンフォースを発生させたりする働きをし，主流速度の2乗と翼面積に比例する。抗力は翼が受ける流体の抵抗であり，これには摩擦抗力や形状抗力[†]があるが，揚力と同様に主流速度の2乗と翼面積に比例する。縦揺れモーメントは，合力により基準点まわりに回転しようとするモーメントであり，翼の頭上げ方向を正とする。

一般に，この基準点は1/4弦長の点である。上記の3分力は翼性能を評価する上での重要な物理量であり，特に縦3分力と呼ばれる。翼の大きさが大きく流速が速いほど，これらの力は大きくなるため，それによらずに評価するために無次元化した以下の指標，すなわち揚力係数C_L，抗力係数C_D，縦揺れモーメント係数C_Mを用いる。これらは翼形状とレイノルズ数が等しければ，同一迎角では等しい数値となる。

$$C_L = \frac{L}{\frac{1}{2}\rho U_0^2 S} \tag{6.15}$$

[†] 6.2.2節を参照。

$$C_\mathrm{D} = \frac{D}{\frac{1}{2}\rho U_0^2 S} \tag{6.16}$$

$$C_\mathrm{M} = \frac{M}{\frac{1}{2}\rho U_0^2 S \bar{c}} \tag{6.17}$$

抗力が小さく揚力が大きいほど翼性能は高く，これを抗力に対する揚力の比として表したものが以下の揚抗比である．

$$\frac{L}{D} = \frac{C_\mathrm{L}}{C_\mathrm{D}} \tag{6.18}$$

縦3分力，翼周り流れと密接に関連し，翼面に働く局所的な圧力を表す以下の圧力係数 C_p がある．p_0 は翼が置かれた空間の基準静圧であり，よどみ点の圧力である．この圧力係数 C_p は，前縁から後縁にわたり翼の上面と下面の圧力分布を示し，境界層のはく離や再付着などの翼周り流れの状態を評価する際に用いられる．翼の上面と下面をそれぞれ，負圧面，圧力面（正圧面）といい，迎角が負になると負圧面と圧力面が逆転する．

$$C_\mathrm{p} = \frac{p - p_0}{\frac{1}{2}\rho U_0^2} \tag{6.19}$$

6.4.2 翼の周りの流れと圧力分布

迎角 α で一様流中に置かれた翼の翼面圧力分布は，一般に図 **6.18** のように，前縁付近のよどみ点で圧力がゼロとなり，下流に進むといったん圧力面では圧力が最大となり，負圧面では圧力が最小となる点を迎える．この負圧面での最低圧力点付近での翼面圧力分布に見られるピークを**サクションピーク**（suction peak）という．さらに下流に進むと，後縁に向かって圧力面では圧力が減少し，負圧面では最低圧力まで下がった圧力が回復してゆく．この翼面圧力分布から揚力係数と抗力係数の算出が可能であり，迎角が小さい場合は，揚力係数は圧力係数 C_p と x/c の囲む面積より，抗力係数は圧力係数 C_p と y/c の囲む面積から，それぞれ求められる．ただし，この方法により求まる揚力係数

6.4 翼周りの流れ

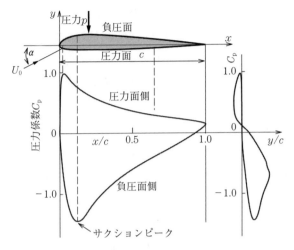

図 **6.18** 翼面圧力分布

と抗力係数には壁面摩擦応力による寄与は含まれないので，注意されたい。

翼の負圧面で前縁の背後に境界層が発達し，後縁まで境界層が翼面に付着して発達する場合は，負圧面の圧力は図 **6.19**(a)に示すように最低圧力点より下流で後縁に至るまで徐々に圧力を回復する．翼が失速域に入り，層流はく離した境界層が再付着できない場合は，負圧面の圧力は図(b)のようにはく離点か

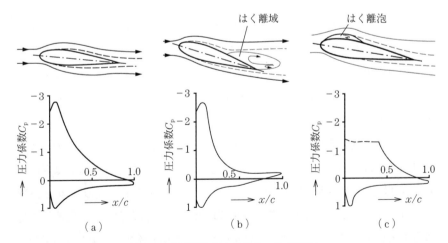

図 **6.19** 翼面圧力分布と付着・はく離流れ

ら後縁までほぼ一定の値をとる。前縁の背後に形成された境界層がはく離した後に翼面に再付着する場合は，はく離点から再付着点までの翼面上の流れは，はく離泡と呼ばれる再循環領域を形成する。この場合は，図(c)のようにはく離泡の形成領域で圧力分布が一定値をとり，再付着点付近で急激に圧力回復するので，負圧面では不連続な圧力分布となる。レイノルズ数が 10^4〜10^5 程度の流れでは，最低圧力点よりわずかに下流で層流境界層がはく離し，乱流遷移した後に再付着してこのような圧力分布が見られることが多い。しかし，レイノルズ数が 10^6 以上の高レイノルズ数の流れでは，境界層が層流はく離せずにただちに乱流遷移するため，はく離泡は形成されずに負圧面の圧力分布は図(a)のようになる。このように翼面近傍の流速分布を計測しなくても翼面圧力分布を計測すれば，翼面近傍の流れが概ね把握できる。

6.4.3 翼周りの流れと翼性能

揚力や抗力は，レイノルズ数や迎角によって翼周りの流れとともに大きく変化する。翼周りの流れでは，レイノルズ数は代表速度，代表長さにはそれぞれ，主流速度 U_0 と翼弦長 c（平均翼弦長 $\bar{c}$）を用いる。

$$Re = \frac{U_0 c}{\nu} \tag{6.20}$$

翼の性能を表すには，一般には**図 6.20** のような性能曲線を用いる。図中の揚力係数 C_L は迎角 α が $-4°$ 付近でゼロとなるが，この迎角をゼロ揚力角という。ゼロ揚力角からの迎角の増大に伴い，揚力係数は直線的に増加する。このとき，翼の圧力面，負圧面ともに流れは翼面に付着している。迎角をさらに増大させると，揚力係数の増加は緩やかとなり最大値を迎える。この最大の揚力係数を**最大揚力係数**（maximum lift coefficient）といい，このときの迎角を**失速角**（stall angle）という。失速角を超えると，翼の負圧面の流れは翼面からはく離し，揚力係数は減少し，抗力係数が増加する。この現象を**失速**（stall）といい，これ以降の迎角では失速域となる。失速角前後の性能曲線の特性は翼形によって変わり，急激に失速角が訪れて揚力係数の減少と抗力係数の

6.4 翼周りの流れ

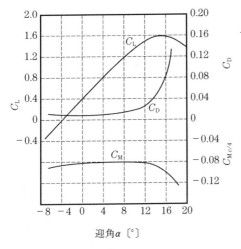

図 6.20 翼の性能曲線

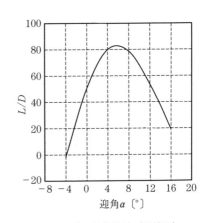

図 6.21 翼の性能曲線（揚抗比）

増加が著しい特性を持つ翼形や，失速角を超えてもそれが緩やかに変化する特性を持つ翼形がある．失速域に入ってからさらに迎角を増大させると，翼の負圧面の流れのはく離が著しくなり，はく離に伴う大規模な渦が生じる．

翼の性能を表すもう一つの性能曲線が**図 6.21** のような迎角に対する**揚抗比**（lift/drag ratio）を表す曲線であり，揚抗比が最大となる迎角を容易に見出すことができる．

例題 6.5

質量 M，翼面積 S の航空機が高度 H を速度 U で水平飛行している．この航空機に作用する揚力係数 C_L，抗力係数 C_D，揚抗比 C_L/C_D を求めよ．ただし，エンジンの推力は T であり，この高度での空気密度は ρ であるとする．

解答

水平飛行中であるため，図1.2に示すように機体に作用する揚力 L と重力 W が釣り合い，推力 T と抗力 D が釣り合っている．よって

$$L = W = Mg$$
$$D = T$$

$$C_L = \frac{L}{\frac{1}{2}\rho U^2 S} = \frac{2Mg}{\rho U^2 S} \tag{6.21}$$

$$C_D = \frac{D}{\frac{1}{2}\rho U^2 S} = \frac{2T}{\rho U^2 S} \tag{6.22}$$

$$\frac{C_L}{C_D} = \frac{\frac{2Mg}{\rho U^2 S}}{\frac{2T}{\rho U^2 S}} = \frac{Mg}{T} \tag{6.23}$$

となる。

翼周りでは渦が生じていていもそれを含めた広い範囲での流れ場全体は非回転運動となるので，一つの渦が発生するとそれを打ち消すように同じ強さで反対向きの渦も発生する。したがって，有限の幅を持つ翼の周りの流れを見ると，図 **6.22** のように**束縛渦**（bound vortex），**翼端渦**（wing-tip vortex），**出発渦**（starting vortex）で全体として一つの**渦輪**（vortex ring）を形成している。翼が動き始めることによってできた，出発点に残っている渦が出発渦であり，翼形の中にこれと同じ強さで反対向きに生じる循環による仮想的な渦が束縛渦である。圧力面と負圧面の圧力差により圧力面から負圧面に回り込む流れによる渦が翼端渦である。実際には，翼端渦の末端と出発渦は粘性により消滅

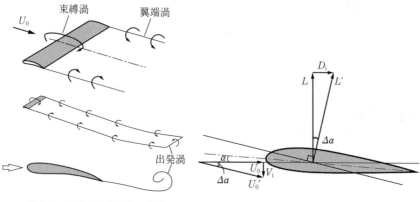

図 **6.22** 有限幅の翼周りの流れ   図 **6.23** 誘導抗力と吹き下ろし

してゆく.

　翼端渦により翼端付近の負圧面の流れは高い迎角にしてもはく離が生じない.翼端渦が生じると,下向きの誘導速度 V_i（吹き下ろし）が生じ,図 **6.23** のように翼に流入する一様流 U_0 は U_0' のように傾いて入射して迎角 α は $\Delta\alpha$ だけ減少する.これにより,揚力の方向も後ろ側に $\Delta\alpha$ だけ傾き,揚力ベクトルの水平方向成分が見かけ上の抗力 D_i となる.これを誘導抗力という.この誘導抗力は式 (6.24) のように幾何学的に求まる.風洞実験では翼端に端板を設置して翼端渦を生じないようにして実験を行うことがあり,このようにすると有限な翼幅の翼でも二次元翼として扱うことができる.

$$D_i = L \tan \Delta\alpha \tag{6.24}$$

6.5　境　界　層

6.5.1　境界層の発達と摩擦抗力

　粘性により物体近傍で流速が主流に比べて低下する領域を**境界層**（boundary layer）という（図 **6.24**）.境界層は下流に進むにつれて厚さを増大させて発達する.境界層内のせん断によりニュートンの粘性法則に従った摩擦抗力が発生するので,次式のように物体に作用する壁面せん断応力 τ_w は,境界層速度分布と密接な関係がある.

$$\tau_w = \mu \frac{\partial u}{\partial y} \tag{6.25}$$

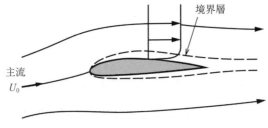

図 **6.24**　境界層の概念

6.5.2 境界層厚さと形状係数

壁面から境界層の外縁までの距離を**境界層厚さ**（boundary layer thickness）という（図 **6.25**）．流速 u が主流 U_0 の 99 ％ に達する位置での境界層厚さ δ を単に境界層厚さと呼び，$\delta_{0.99}$ などと表す．

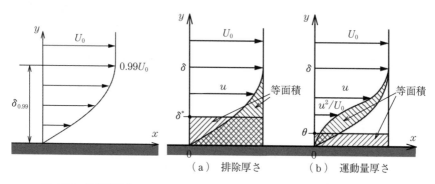

図 **6.25** 境界層厚さ　　　図 **6.26** 排除厚さと運動量厚さ

境界層内は，壁面に接する流体は壁がない場合と比べて流速が低下することで，この領域の流量が減少したと見ることができる．その流量欠損分を，主流速度 U_0 を基準として式 (6.26) のように $U_0\delta^*$ と表記する．この厚み δ^* を**排除厚さ**（displacement thickness）と呼び，壁面による有効流路の減少分を表している（図 **6.26**）．

境界層内で壁面せん断応力により物体近傍の流速が減速すると，壁面がない場合と比べて運動量が減少したと見ることができる．その運動量欠損分を，主流速度 U_0 を基準として式 (6.27) のように $\rho U_0^2 \theta$ と表記する．この厚み θ を**運動量厚さ**（momentum thickness）と呼ぶ．

$$\int_0^\delta (U_0 - u)dy = U_0 \delta^* \quad \therefore \delta^* = \int_0^\delta \left(1 - \frac{u}{U_0}\right)dy \tag{6.26}$$

$$\rho \int_0^\delta u(U_0 - u)dy = \rho U_0^2 \theta \quad \therefore \theta = \int_0^\delta \frac{u}{U_0}\left(1 - \frac{u}{U_0}\right)dy \tag{6.27}$$

式 (6.28) に示すように，運動量厚さに対する排除厚さの比は**形状係数**（shape factor）H として定義され，平板上の境界層では，層流では 2.6 程度，

乱流では 1.4 程度となる。乱流では層流に比べて壁面での速度勾配が大きく，壁面せん断応力が大きくなるため，摩擦抗力や損失が大きく，運動量厚さが大きくなる（図 **6.27**）。

$$H = \frac{\delta^*}{\theta} \tag{6.28}$$

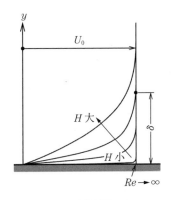

図 **6.27** 形状係数による速度分布の変化

例題 6.6

Pohlhausen の速度分布

$$\frac{u}{U_0} = 2\eta - 2\eta^3 + \eta^4, \quad \eta = \frac{y}{\delta}$$

が与えられている場合に，排除厚さ δ^*，運動量厚さ θ，形状係数 H を求めよ。

解答

$$\delta^* = \int_0^\delta \left(1 - \frac{u}{U_0}\right) dy = \cdots = \frac{3}{10}\delta$$

$$\theta = \int_0^\delta \frac{u}{U_0}\left(1 - \frac{u}{U_0}\right) dy = \cdots = \frac{37}{315}\delta$$

$$H = \frac{\delta^*}{\theta} = \frac{3/10 \times \delta}{37/315 \times \delta} = 2.55$$

6.5.3　平板上に発達する境界層流れ

〔1〕**層流境界層から乱流境界層へ**　　平板上の境界層の発達は平板先端から始まり，下流に進むにつれて徐々に厚みを増してゆくが，一般に初期の段階では層流境界層となっている。この層流境界層は下流に進むにつれて不安定になり，変動が徐々に増幅され，複雑な過程を経てやがて乱流境界層に変わる。この変化を**遷移**（transition）あるいは**境界層遷移**（boundary layer transition）

という。乱流への遷移は，図 **6.28** のような斑点状に局所的に起こり，これが平板全域を占めると遷移が完了し，乱流境界層となる。平板上の境界層の場合，レイノルズ数 Re_x には，代表値として主流速度 U_0 と平板先端からの流れ方向の位置 x をとり，遷移が起きる臨界レイノルズ数 Re_c は次式のようになることが知られている。

$$Re_x = \frac{U_0 x}{\nu}, \quad Re_c = 3.5 \times 10^5 \sim 2.8 \times 10^6 \qquad (6.29)$$

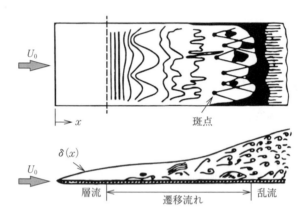

図 **6.28** 平板上の層流境界層の乱流遷移の様子

例題 6.7

一様流速が U_0 の気流中に平板が置かれている。臨界レイノルズ数が Re_c であるとき，平板上の境界層が層流から乱流に遷移する位置 x を求めよ。

解答

$$Re = \frac{U_0 x}{\nu} = Re_c$$

$$\therefore \quad x = \frac{Re_c \, \nu}{U_0} \qquad (6.30)$$

境界層遷移は主流の乱れや圧力勾配などによって影響を受けるので，臨界レイノルズ数は上記のようにある程度の幅を持った値となる。遷移に要する距離

6.5 境界層

（遷移領域）はレイノルズ数によって変化し，高レイノルズ数の流れほど短くなり，ただちに層流から乱流へ遷移する．図 **6.29** のように，境界層中の流速の時系列信号を調べてみると，層流境界層において正弦波の波形が間欠的に現れ，下流に進むにつれてこの正弦波が多くなり，やがて不規則な波形へと変化する様子がわかる．このように，層流境界層で起こる変動は規則的であり，乱流境界層へ遷移すると不規則な挙動で多様なスケールの渦が存在する構造となる．乱流境界層では境界層中の乱流渦の不規則な挙動による混合作用のため，層流境界層に比べて熱伝達特性が良好となる．

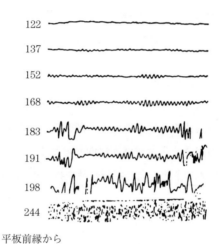

平板前縁からの距離〔mm〕

図 **6.29** 境界層中の流速の時系列波形

乱流境界層の構造は図 **6.30** のようになっており，大きくは外層と内層に分けられる．外層はおもに主流と境界層の境界となる領域であり，この境界が時間的に変化するために間欠的に乱流状態となっている．内層は壁面側から順に粘性底層，遷移層（バッファ域），乱流層（対数則域）により構成されており，内層の厚さは境界層厚さ δ の 15～20 ％ 程度となっている．粘性底層では乱れが小さく，粘性の作用が大きい．また，この部分の厚さは境界層厚さ δ に比べてきわめて薄く，層流に近い性質を示す．その外側に遷移層があり，完全に乱

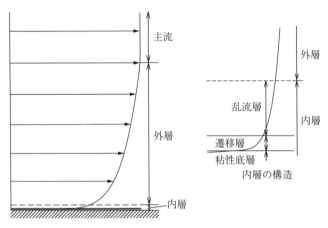

図 **6.30** 乱流境界層の層構造

流状態である乱流層へとつながっている。

乱流境界層の構造はこのように複雑であり，図 **6.31** に示すようなイジェクション（壁面付近の低速流体塊が壁面から離れる方向に持ち上がる運動），スイープ（主流近くの高速流体塊が壁面に向かって吹き下ろす運動），ストリーク（壁面近くに発生する主流方向と平行な軸を持つ縦渦運動）といった，大規

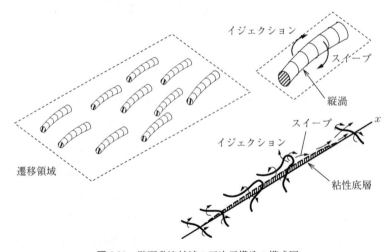

図 **6.31** 壁面乱流外域の三次元構造の模式図

模構造やコヒーレント構造と呼ばれる構造が乱れの発生に重要な役割を担っている。数値シミュレーションで乱流境界層内の流れを再現するには，このような構造をとらえるのに十分な格子解像度が必要となる。

〔2〕 **層流境界層と乱流境界層の速度分布** 層流境界層の速度分布については，プラントルにより導入された境界層方程式のブラジウスやハワース(Howarth)による解があるほか，式(6.31)のようなプラントルによる経験的な速度分布がある。ニクラゼによる実験値も含めた平板上の層流境界層の流速分布を図**6.32**に示す。実測値は理論値ときわめてよく一致しているのがわかる。

$$\frac{u}{U_0} = \frac{3}{2}\left(\frac{y}{\delta}\right) - \frac{1}{2}\left(\frac{y}{\delta}\right)^3 \tag{6.31}$$

平板上の乱流境界層内の時間平均速度分布には，円管内流れの場合と同様に，実際の速度分布をよく近似する1/7乗則による速度分布と，壁の近くでの

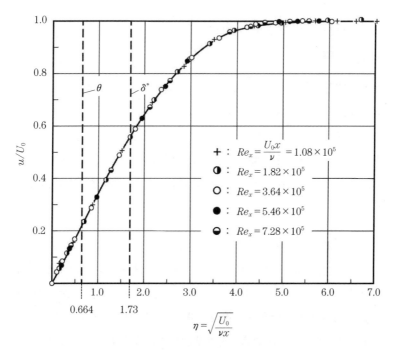

図**6.32** 平板上の層流境界層の速度分布

よく成立する対数速度分布がある．1/7乗則は指数法則とも呼ばれ，理論的根拠には欠けるが，$Re_x = 5 \times 10^5 \sim 10^7$ で精度がよく，これ以上の高いレイノルズ数では 1/8 乗，1/9 乗とすることでよい近似を示す．

$$\frac{u}{U_0} = \left(\frac{y}{\delta}\right)^{\frac{1}{7}} \tag{6.32}$$

もともと壁のごく近傍には粘性底層があり，乱流の速度分布をそこまで拡張することはできないので，粘性底層内の流れは層流のクエット流れに近似して以下のように表される．ここで，ν は動粘度，y は壁面からの距離である．u^* は壁面せん断応力 τ_w と流体の密度 ρ で表される**摩擦速度**（friction velocity）と呼ばれる速度の次元を持つ量である．

$$\frac{u}{u^*} = \frac{u^* y}{\nu} \tag{6.33}$$

$$u^* = \sqrt{\frac{\tau_w}{\rho}} \tag{6.34}$$

式 (6.33) は以下の壁座標 y^+ を用いると，$y^+ < 5$ で成立する．

$$y^+ = \frac{u^* y}{\nu} \tag{6.35}$$

これより外側の乱流層では，境界層内の渦粒子の混合・拡散作用は壁近傍では壁面の制約を受けるが，壁面から離れるにつれて自由に移動できるようになるために，流体粒子の移動距離 l は壁からの距離 y に比例するというプラントルの混合距離の仮定（図 **6.33**）に基づいて導かれた対数速度分布が提案されており，以下のように表される．これをプラントルの**壁法則**（law of the wall）という．

$$u^+ = \frac{u}{u^*} = 2.5 \ln y^+ + 5.5 = 5.75 \log y^+ + 5.5 \tag{6.36}$$

式 (6.36) は $70 < y^+ < 1\,000$ の範囲でよく成立する．$5 < y^+ < 70$ は粘性底層から対数則域への遷移域であり，バッファ域とも呼ばれ，粘性と乱流運動が同程度に作用する領域であり，式 (6.33)，(6.36) のいずれも成立しない．$y^+ > 1\,000$ では，管路のほぼ全域で対数速度分布が成立する円管内流れとは異な

6.5 境界層

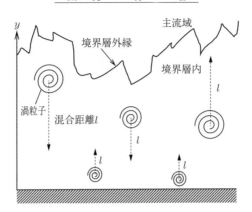

図 **6.33** 混合距離の仮定

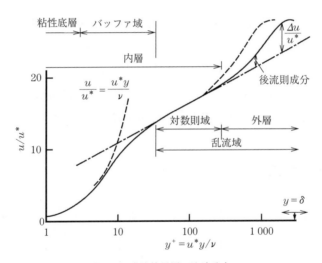

図 **6.34** 乱流境界層の流速分布

り，物体周りの境界層では対数速度分布から外れて後流則に従うことが知られている（図 **6.34**）。

　主流では新たに乱れが作られることはないが，乱流境界層内ではせん断流の場からエネルギーを得て新たな乱れが作られている。平板上の乱流境界層内の x, y, z 方向の乱れ度の分布は，図 **6.35** に示すようになる。これより，乱流境界層内の乱れ度は x 方向の乱れ度が壁面付近で最も高く，その値は主流の

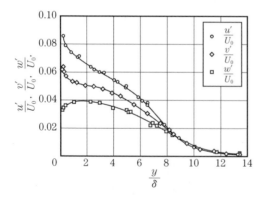

図 6.35 平板に沿う乱流境界層の乱れ度の分布

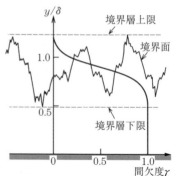

図 6.36 間欠度の分布

10％以下であることがわかる。また，乱流境界層の外縁は図 6.36 のように瞬時の境界面が場所により異なるため，$y/\delta = 0.5$ から 1.2 では乱流状態が間欠的であり，この範囲の乱れ度の分布は間欠的に変化する平均値を示す。

平板上に発達する境界層について，遷移完了前の層流境界層と遷移完了後の乱流境界層の平均速度分布を比較すると図 6.37 のようになり，分布形状のみ

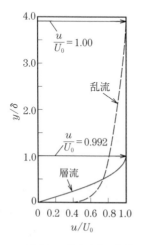

図 6.37 速度分布の比較
（層流と乱流）

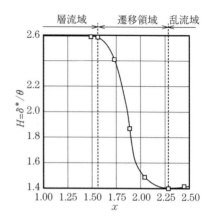

図 6.38 形状係数の比較
（層流と乱流）

ならず境界層厚さも大きく異なることがわかる．形状係数を算出すると，図 6.38 のようになり，層流境界層では 2.6 程度であったものが，遷移完了後の乱流境界層では 1.4 程度に減少している．

〔3〕 **平板上の境界層厚さの算出式** 図 6.39 に示すように，層流境界層に比べて乱流境界層では境界層厚さが非常に大きいため，境界層が層流か乱流かを判別することが重要である．例えば，自動車に作用する空気抵抗を固定された地面を用いて簡易的に評価しようとした際に，地面に発達する境界層が厚いほど空気抵抗が実際よりも低く評価されてしまう．そこで，平板の先端からの距離に対する境界層厚みを算出する式を以下に示す．

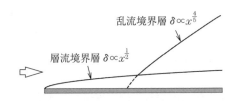

図 6.39 平板に沿う層流境界層の発達，乱流への遷移と乱流境界層の発達

層流境界層では流速 u が主流 U_0 の 99% に達する位置の無次元高さをハワースの数値解[†1]より求めると，およそ 5.0 であるので

$$\delta \approx 5.0\sqrt{\frac{\nu x}{U_0}} = \frac{5.0x}{\sqrt{Re_x}} = 5.0xRe_x^{-\frac{1}{2}} \tag{6.37}$$

$$\delta^* = 1.73xRe_x^{-\frac{1}{2}} \tag{6.38}$$

$$\theta = 0.664xRe_x^{-\frac{1}{2}} \tag{6.39}$$

となる．壁面せん断応力 τ_w はハワースの数値解を用いて以下のように表される．

$$\tau_w = \mu\left(\frac{\partial u}{\partial y}\right)_{y=0} = 0.332\,\rho U_0\sqrt{\frac{\nu U_0}{x}} \tag{6.40}$$

ここで，長さ l で幅 b を有する平板を考えると，上式を用いてその片面に作用

---

†1 ナビエ・ストークス方程式（p.78 のコーヒーブレイクを参照）から導かれた層流境界層の運動方程式は解析的には解けないため，ハワースにより示された数値解[23]をもとに層流境界層の速度分布が表された．

するその摩擦抗力 D_f は以下のようになる。

$$D_\mathrm{f} = b\int_0^l \tau_\mathrm{w} dx = 0.664\,\rho U_0^2 lb Re_l^{-\frac{1}{2}} \tag{6.41}$$

したがって、摩擦抗力係数 C_f は以下のように求まる。

$$C_\mathrm{f} = \frac{D_\mathrm{f}}{\frac{\rho}{2}U_0^2 lb} = \frac{0.664\,\rho U_0^2 lb Re_l^{-\frac{1}{2}}}{\frac{\rho}{2}U_0^2 lb} = 1.328\,Re_l^{-\frac{1}{2}} \tag{6.42}$$

乱流境界層の境界層厚さについては、対数速度分布は境界層外縁までは適用できないので、1/7 乗則による速度分布を基にすることになる。このとき、カルマンの運動量方程式と壁面せん断応力 τ_w により境界層厚さを求めるが、1/7 乗則の速度分布からは τ_w が求まらないため、τ_w については以下のブラジウスによる経験式を用いる。

$$\tau_\mathrm{w} = 0.0225\,\rho U_0^2 \left(\frac{\nu}{U_0 \delta}\right)^{\frac{1}{4}} \tag{6.43}$$

式 (6.43) をもとに平板先端から乱流境界層が始まる場合の境界層厚さの算出式が以下のように得られる。

$$\delta = 0.37 x Re_x^{-\frac{1}{5}} \tag{6.44}$$

$$\delta^* = \frac{\delta}{8} = 0.046\,x Re_x^{-\frac{1}{5}} \tag{6.45}$$

$$\theta = \frac{7}{72}\delta = 0.036\,x Re_x^{-\frac{1}{5}} \tag{6.46}$$

ここで、長さ l で幅 b を有する平板を考え、層流境界層の場合と同様に片面に作用する摩擦抗力 D_f を、式 (6.47) を用いて求めると以下のようになる。

$$D_\mathrm{f} = b\int_0^l \tau_\mathrm{w} dx = 0.036\,\rho U_0^2 lb Re_l^{-\frac{1}{5}} \tag{6.47}$$

これより摩擦抗力係数を求めると、次式のようになる。

$$C_\mathrm{f} = \frac{D_\mathrm{f}}{\frac{\rho}{2}U_0^2 lb} = \frac{0.036\,\rho U_0^2 lb Re_l^{-\frac{1}{5}}}{\frac{\rho}{2}U_0^2 lb} = 0.072 Re_l^{-\frac{1}{5}} \tag{6.48}$$

式 (6.48) の係数を実験結果に合わせて 0.074 に修正すると、$5 \times 10^5 < Re_l < 10^7$ でよく一致するようになる。**図 6.40** に滑面平板の摩擦抗力係数とレイ

6.5 境界層

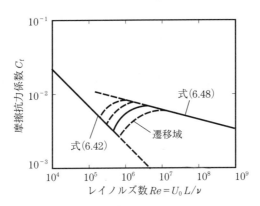

図 6.40 平板の抵抗係数とレイノルズ数
（滑らかな面）

ノルズ数の関係を示す。

例題 6.8

1/7 乗則による速度分布から壁面せん断応力 τ_w を求めてみよ。

解答

壁面上での速度勾配 du/dy が求まれば壁面せん断応力 τ_w が求まるので，これを計算すると

$$\frac{du}{dy} = \frac{d}{dy}\left(U_0\left(\frac{y}{\delta}\right)^{\frac{1}{7}}\right) = U_0\left(\frac{1}{\delta}\right)^{\frac{1}{7}} \frac{d}{dy} y^{\frac{1}{7}} = U_0\left(\frac{1}{\delta}\right)^{\frac{1}{7}} \times \frac{1}{7} y^{-\frac{6}{7}}$$

$$= \frac{U_0}{7}\left(\frac{1}{\delta}\right)^{\frac{1}{7}}\left(\frac{1}{y}\right)^{\frac{6}{7}}$$

$$\therefore \left(\frac{du}{dy}\right)_{y=0} = \infty$$

となり，値が定まらない。したがって，1/7 乗則による速度分布からは壁面せん断応力 τ_w は求まらない。

例題 6.9

1/7 乗則による速度分布を用いて境界層の排除厚さ δ^* と運動量厚さ θ，形状係数 H を求めよ。

解答

$$\delta^* = \int_0^\delta \left(1 - \frac{u}{U_0}\right) dy = \int_0^\delta \left(1 - \left(\frac{y}{\delta}\right)^{\frac{1}{7}}\right) dy = \cdots = \frac{\delta}{8}$$

$$\theta = \int_0^\delta \frac{u}{U_0}\left(1 - \frac{u}{U_0}\right) dy = \int_0^\delta \left(\frac{y}{\delta}\right)^{\frac{1}{7}}\left(1 - \left(\frac{y}{\delta}\right)^{\frac{1}{7}}\right) dy = \cdots = \frac{7}{72}\delta$$

$$H = \frac{\delta^*}{\theta} = \frac{1/8 \times \delta}{7/72 \times \delta} = 1.29$$

6.5.4 境界層のはく離と再付着

境界層内では流れは物体表面との間に生じる粘性摩擦力に抵抗して流れるため，下流に進むにつれて運動エネルギーを消耗して減速することになる．境界層のはく離や再付着は，球や流線型物体表面の流れに見られるが，これらは局所的に見ると上り坂から頂上へ向かう流れと頂上から下り坂を通り過ぎる流れと見ることができる（図 **6.41**）．

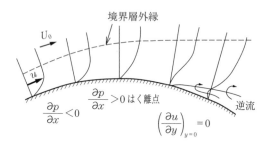

図 **6.41** 圧力勾配と境界層のはく離

この流れについて連続の式とベルヌーイの式をおよび流管を考えると，上り坂では下流に進むにつれて流路断面積が縮小するために連続の式より流れは加速し，この加速によってベルヌーイの式により下流側の圧力が低下し，流れの向きに圧力降下（圧力勾配）が生じる．境界層はこの圧力による仕事を受けるので運動エネルギーの消耗が小さく，はく離は生じない．

つぎに，下り坂では下流に進むにつれて流路面積が増大するために連続の式により流れは減速し，この減速によりベルヌーイの式により下流側の圧力が上

昇し，流れの向きに圧力上昇が生じる。これを逆圧力勾配と呼ぶ。上り坂と比べて境界層は運動エネルギーの消耗が著しく，摩擦に打ち勝って流れなくなると，圧力の高い下流から圧力の低い上流に向かって逆流が生じ，これが物体表面と境界層の間に割り込んではく離が生じる。はく離が生じた点をはく離点と呼び，これより下流では逆流域になる。翼面流れやバックステップ流れでは，はく離した流れが再び壁面に再付着することがあり，逆流域は閉じた再循環領域となる。この領域をはく離泡と呼ぶ。したがって，減速流れでは境界層のはく離が起きやすく，増速流れでは剥離が起きにくい。

6.5.5 境界層の制御

はく離を生じた後に再付着できない場合は，流体機械では大きな損失となり，航空機の主翼では失速による墜落につながるため，境界層のはく離防止策が検討されてきた。以下にそのいくつかの方法を述べる。

〔1〕 乱流促進　境界層の層流はく離を防止するため，よどみ点と最低圧力点の中間付近に，細い針金のような棒状の物体を貼り付け，その背面に形成される乱れにより境界層を強制的に乱流に遷移させる方法であり，この物体をトリッピングワイヤ（tripping wire）という（図 **6.42**）。貼り付ける位置での境界層の排除厚さと同程度の直径を持つトリッピングワイヤを用いるとよ

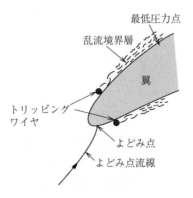

図 **6.42**　トリッピングワイヤの効果

い．層流はく離に対して効果を発揮するものであるが，乱流境界層の部分に取り付けた場合は抗力の増大を招くことになる．トリッピングワイヤの背面の渦構造が強く残ることもあるので注意を要する．トリッピングワイヤの代わりに，砂粒の貼り付けや，ピン（スタッド）の壁面への設置，ゴルフボールに見られるディンプルにより同様の効果を得ることもできる．

〔2〕 **渦流発生器** 規則的な形状の物体により主流の方向に軸を有する縦渦を発生させ，主流と壁面近傍の流れのエネルギー交換を促進して，下流での運動エネルギーの減少をくい止めてはく離を防止する方法である．このために壁面に設置した物体を渦流発生器という（**図 6.43**）．この方法は，層流境界層より乱流境界層のほうが，はく離が生じにくいのとまったく同じ原理による．渦流発生器の高さは境界層厚さ程度にするとよい．

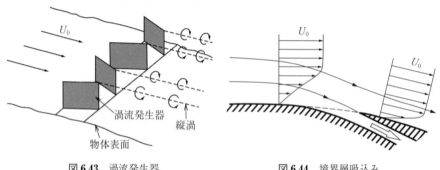

図 6.43 渦流発生器　　　　　図 6.44 境界層吸込み

〔3〕 **境界層吸込み** 壁面に孔をあけて壁面上でエネルギーを失った流体を吸引し，境界層の厚さを薄くする方法である（**図 6.44**）．吸込み速度や吸引する流量を適切に設定する必要がある．自動車の空力試験を風洞実験で行う場合に，走行中の車体への地面効果を模擬するために用いられることが多い．走行中の道路壁面には車体から見て境界層は存在しないため，これを模擬するために車体直下には移動地面板を，車体前方の地面には車幅方向に一様に多孔壁を有する境界層吸込み装置がそれぞれ設置される．

〔4〕 **境界層吹出し** 壁面に孔をあけて壁面上でエネルギーを失った低速

流体に，吹出しによって新たにエネルギーを供給し，下流での圧力上昇によるはく離に対抗する方法である（図 **6.45**）。航空機の翼面上の流れのはく離を防止し，大きな揚力を得る，高揚力装置として多く実用化されている。

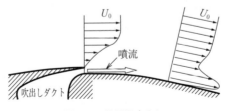

図 **6.45** 境界層吹出し

6.6 噴流と後流

6.6.1 噴流と後流の構造

静止した流体中にノズルなどにより，周囲の流体よりも高速の流体を噴出すると，流体は粘性のために周囲の流体を引きずって拡散してゆく流れとなる。この流れを**噴流**（jet）という。噴流では図 **6.46** に示すように，静止流体との接触領域で速度の不連続面が生じ，これが粘性の作用により徐々に拡散して滑らかに速度が変化する層を形成する。これを**せん断層**（shear layer）という。せん断層は吹出し直後に層流せん断層であった場合には，一定の条件に達すると乱流せん断層に遷移する。下流に進むにつれて粘性による速度の均一化が進

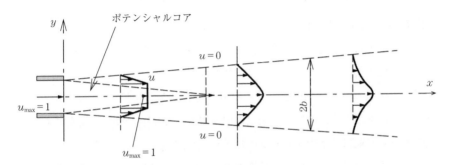

図 **6.46** 噴流の構造

むと，せん断層より内側の速度 u_{max} の一様な領域は徐々に狭まり，最終的には消滅する．この粘性の作用を受けない速度が一様な領域を**ポテンシャルコア**（potential core）という．風洞も噴流の一つであるが，風洞実験を正確に行うには，対象とする模型はポテンシャルコアの中に存在しなければならず，下流ほどポテンシャルコアが狭いので模型の設置位置を決める際に，この点に注意する必要がある．

一様流の中に物体が置かれた場合に，物体背後に周囲よりも流速の小さい領域（速度欠損領域）が生じる．この物体背後の流れを**後流**（wake）という．図 **6.47** の翼のように後端が鋭くとがっている物体の後流では，物体の両壁面に発達していた境界層が後縁を過ぎると急に合流し，後縁直後では鋭いくぼみを有する分布となるが，下流に進むにつれて徐々に速度分布が滑らかになり，周囲に拡散して消滅する．後流に入った乱流境界層は固体壁による束縛がなくなり，ただちに等方的な乱流に移行する．

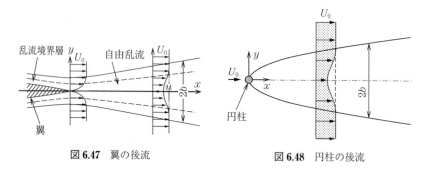

図 **6.47** 翼の後流 　　　　　　図 **6.48** 円柱の後流

図 **6.48** の円柱のように後端が鈍い物体の後流では，はく離によって速度の不連続面が生じて噴流の場合と同様に物体の後方で流れは乱流へ遷移する．物体の十分後方では完全に発達した等方的な乱流になる．

近年では風車が多数配置されている風力発電のウィンドファームにおいて，下流側の風車が上流側の風車の後流の中に置かれた状態となり，後流による下流側風車の発電量低下やブレードの疲労破壊が問題となっている．

噴流と後流では類似の構造や特性があり，噴流の考え方が後流でも成立する

ことが多い．

6.6.2 流速分布と流れの幅の拡大

　無限に長いスリットを有する二次元噴流を考える．噴流源を原点として吹出し方向に x 軸を，これと直角方向に y 軸をとると，噴流の速度分布は一般に図 **6.49** のようになる．図中の $b_{\frac{1}{2}}$ は $u/u_{\max}=1/2$ となる位置の y 座標を表す．噴流中心の最大速度 $u_{\max}$ と噴流幅 b は，理論的な考察から x に対して式 (6.49)，(6.50) のように変化する．また，この変化は実験結果ときわめてよく一致する．ただし，上記の理論的考察は噴流の乱流部分のみに対して成立するので，距離 x の原点は乱流部分の仮想的な原点であり，吹出し口の位置とは一致しない．

$$u_{\max} \propto x^{-\frac{1}{2}} \tag{6.49}$$
$$b \propto x \tag{6.50}$$

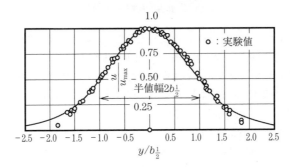

図 **6.49**　二次元噴流の速度分布

　二次元物体の後方にできる二次元後流の速度分布は，速度欠損領域に着目して，主流速度 U_0，後流速度を u，速度欠損を $u_1 = U_0 - u$ とし，主流方向に x 軸を，これと直角方向に y 軸をとると，一般に図 **6.50** のようになる．最大速度欠損 $u_{1\max}$ と後流幅 b は，理論的な考察より x に対して式 (6.51)，(6.52) のように変化する．噴流と同様に以下の変化も実験結果ときわめてよく一致する．後流幅の広がり方は噴流より小さい．二次元後流の最大速度欠損の減衰は，二次元噴流の最大速度の減衰に等しい．距離 x の原点は，等方的な乱流

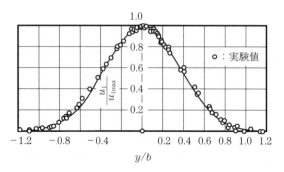

図 **6.50** 二次元後流の速度分布

の仮想原点であるので，物体の後端とは一致しない．

$$u_{1\max} \propto x^{-\frac{1}{2}} \tag{6.51}$$
$$b \propto x^{\frac{1}{2}} \tag{6.52}$$

演習問題

〔**6.1**〕 自動車が $U = 60$ km/h の速度で走行しているときの空力試験を 1/4 縮尺模型で行う場合に試験風速 u はどれぐらいに設定するべきか．

〔**6.2**〕 自動車が $U = 60$ km/h の速度で走行している．この自動車の正面投影面積 S を 2.2 m², 抗力係数 C_D を 0.4 とすると，空気抵抗 D はどれぐらいになるか．ただし，空気の密度 ρ は 1.2 kg/m³ とする．

〔**6.3**〕 翼面積 S が 15 m² のグライダーが $U = 80$ km/h で飛行している．この飛行状態の迎角において翼の揚力係数 C_L が 1.2 であるとき，このグライダーに働く揚力 L はどれぐらいか．ただし，空気の密度 ρ は 1.2 kg/m³ とし，揚力の作用点は機体の重心に一致しており，主翼の揚力のみを考えるものとする．

〔**6.4**〕 直径 $d = 20$ mm，長さ $L = 500$ mm の円柱が風速 $U = 30$ m/s の一様流中に置かれているとき，この円柱に作用する抗力と等しい抗力の翼形の翼弦長 c 〔mm〕と最大翼厚 t 〔mm〕を求めよ．ただし，翼形は迎角 0° で置かれ，最大翼厚 t は翼弦長 c の 12 % とし，翼形の抗力係数 C_{Da} を 0.01 とする．また，空気の密度 ρ は 1.2 kg/m³ とする．

〔**6.5**〕 自動車に直径 $d = 5$ mm のアンテナが付いている．この自動車が 100 km/h で走行しているときにアンテナの後流に生じるカルマン渦の放出周波数 f はいくらになるか．

〔**6.6**〕 直径 $d = 50$ mm のアルミ製の球体が空気中を落下するときの落下速度 V 〔m/s〕を求めよ．ただし，球の抗力係数 $C_D = 0.5$，アルミの密度 $\rho_{al} = 2.7 \times 10^3$ kg/m^3，空気の密度 $\rho_a = 1.2$ kg/m^3 とする．

〔**6.7**〕 直径 $d = 70$ μm の微粒子が空気中を落下するときの落下速度 V 〔m/s〕とレイノルズ数 Re を求めよ．ただし，微粒子周りの流れはストークスの流れとなり，微粒子の密度 $\rho_p = 500$ kg/m^3，空気の密度 $\rho_a = 1.2$ kg/m^3，空気の粘度 $\mu = 1.822 \times 10^{-5}$ Pa·s とする．

〔**6.8**〕 問図 **6.1** に示すような翼付根の翼弦長 $c_m = 4$ m，翼端の翼弦長 $c_t = 1.2$ m，翼幅 $b = 12$ m の翼の平面図形がある．この翼の平均翼弦長 $\bar{c}$ 〔m〕と翼面積 S 〔m^2〕，アスペクト比 AR 〔-〕を求めよ．

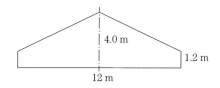

問図 6.1 翼の平面形状の寸法

〔**6.9**〕 質量 $M = 4\,000$ kg，翼面積 $S = 32$ m^2 の航空機が高度 $H = 1\,500$ m を速度 $U = 260$ km/h で水平飛行している．この航空機に作用する揚力係数 C_L，抗力係数 C_D，揚抗比 C_L/C_D を求めよ．ただし，エンジンの推力は $T = 5.82$ kN であり，この高度での空気密度は $\rho = 1.0$ kg/m^3 であるとする．

〔**6.10**〕 一様流速が $U = 20$ m/s の気流中に平板が設置されている．臨界レイノルズ数が $Re_c = 8.0 \times 10^5$ であるとすると，平板上の境界層が層流から乱流に遷移する位置は平板先端からどのぐらいの位置かを計算せよ．ただし，動粘度を $\nu = 1.5 \times 10^{-5}$ m^2/s とする．

〔**6.11**〕 主流速度 $U = 20$ m/s の一様流中に平板がある．平板の先端から層流境界層が発達しているものとしたときに，先端から 200 mm の位置での境界層厚さ δ 〔mm〕，排除厚さ δ^* 〔mm〕，運動量厚さ θ 〔mm〕を，それぞれ求めよ．ただし，空気の動粘性係数 $\nu = 1.5 \times 10^{-5}$ m^2/s とする．

〔**6.12**〕 主流速度 $U = 20$ m/s の一様流中に平板がある．平板の先端から乱流境界層が発達しているものとしたときに，先端から 200 mm の位置での境界層厚さ δ_T 〔mm〕，排除厚さ δ^*_T 〔mm〕，運動量厚さ θ_T 〔mm〕を，それぞれ求めよ．また，前問で求めた層流境界層の結果と比較せよ．ただし，空気の動粘性係数 $\nu = 1.5 \times 10^{-5}$ m^2/s とする．

〔**6.13**〕 主流速度 $U = 20$ m/s の一様流中に長さ $l = 500$ mm の平板がある．平板

の先端から後端まで，層流境界層が発達している場合と乱流境界層が発達している場合のそれぞれについて，摩擦抗力係数 C_{fL}，C_{fT} を求めて，それらを比較せよ。ただし，空気の動粘性係数 $\nu = 1.5 \times 10^{-5}\,\mathrm{m^2/s}$ とする。

コーヒーブレイク

物体形状と風切音の制御

　物体に風が当たった際に発生する風切音は，物体の周りの流れと密接な関係がある。図に示すのはスモークワイヤ法という煙を用いた流れの可視化による角柱と円柱の周りの瞬時の流れの計測結果である。図より，角柱の後流の方が円柱の後流よりも広範囲に大規模かつ変動の大きそうな渦を有していることがわかる。これをある主流速度で計測した放射音を比較すると，角柱からの放射音は 69.4 dB であり，円柱からの放射音は 52 dB という結果になり，17.4 dB も円柱からの放射音が小さい。一般に音が静かになったとかうるさくなったとかの判別可能な大きさは 3 dB といわれているので，円柱は角柱に比べてかなり静かであると感じるはずである。このように，物体形状を変えるとその周りの流れの構造が変わり，これと密接に関係する揚力や抗力などの空力特性や音響特性にも影響を与える。したがって，風切音の低騒音化には流れの様子の把握と流れの制御が不可欠であり，実際に掃除機や扇風機，新幹線の集電装置などの低騒音化には，現状の流れの様子の把握と音源の同定を行い，騒音発生機構を解明した上で騒音に寄与する流れを制御する方法がとられている。

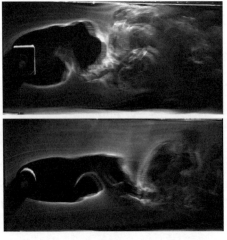

図　角柱と円柱の物体周りの流れの様子
（日本大学理工学部機械工学科鈴木研究室提供）

引用・参考文献

1章

1) 国土交通省気象庁：ひまわり7号による台風第15号の観測画像，2011年9月19日23：30 JST　http://www.jma.go.jp/jma/menu/h23t12/metsat_T15.html
2) 国立天文台：理科年表 平成30年（2017）
3) 日本機械学会 編：JSMEテキストシリーズ　流体力学，日本機械学会（2012）
4) 石綿良三：流体力学入門，森北出版（2000）
5) 大橋秀雄：流体力学(1)，コロナ社（2001）
6) 中山泰喜：新版流体の力学，養賢堂（1994）
7) 井口学，武居昌宏，松井剛一：熱流体工学の基礎，朝倉書店（2008）
8) 日本機械学会 編：機械工学便覧 DVD-ROM版，日本機械学会（2014）
9) 機械工学キーワード120編集委員会 編：機械工学キーワード120，コロナ社（2012）

5章

1) 日本機械学会 編：機械工学便覧 A5流体工学，日本機械学会（1986）
2) 築地徹浩，青木克巳，川上幸男，君島真仁，桜井康雄，清水誠二：流体力学，実教出版（2016）
3) 坂田光雄，坂本雅彦：流体の力学，コロナ社（2005）
4) 武居昌宏：単位が取れる流体力学ノート，講談社（2011）

6章

1) 中山泰喜：新版流体の力学，養賢堂（1994）
2) 中山司：流体力学　非圧縮性流体の力学，森北出版（2013）
3) 大橋秀雄：流体力学(1)，コロナ社（2001）
4) 白倉昌明，大橋秀雄：流体力学(2)，コロナ社（1998）
5) 機械工学キーワード120編集委員会 編：機械工学キーワード120，コロナ社（2012）
6) 日野幹雄：流体力学，朝倉書店（1992）
7) 飯田明由，小川隆申，武居昌宏：基礎から学ぶ流体力学，オーム社（2007）

8) 日本機械学会 編：JSME テキストシリーズ　流体力学, 日本機械学会（2012）
9) 牧野光雄：航空力学の基礎（第2版），産業図書（2003）
10) 日本流体力学会 編：流体力学ハンドブック第2版, 丸善（1998）
11) 日本機械学会 編：機械工学便覧 A5, 日本機械学会（1986）
12) Hermann Schlichting, Klaus Gersten : Boundary-Layer Theory 8th Revised and Enlarged Edition, Springer（2003）
13) G.K. BATCHELOR, F.R.S. : AN INTRODUCTION TO FLUID DYNAMICS, Cambridge University Press（1967）
14) 西山哲男：翼型流れ学, 日刊工業新聞社（1998）
15) Peter Bradshaw 編：Topics in Applied Physics Volume 12, Springer-Verlag Berlin Heidelberg New York（1978）
16) 相原康彦：流れの力学　基礎と応用, 培風館（1988）
17) Stephen Kern Robinson : The Kinematics of Turbulent Boundary Layer Structure, NASA-TM-103859（1991）
18) P.S. KLEBANOFF : CHARACTERISTICS OF TURBULENCE IN A BOUNDARY LAYER WITH ZERO PRESSURE GRADIENT, NACA-TR-1247（1955）
19) Henk Tennekes, John L. Lumley : A FIRST COURSE IN TURBULENCE, The MIT Press（1972）
20) SHIH-I PAI : FLUID DYNAMICS OF JETS, D. VAN NOSTRAND COMPANY, INC.（1954）
21) 谷一郎：流体力学の進歩　乱流, 丸善（1980）
22) J.C. ロッタ 著, 大路通雄 訳：乱流, 岩波書店（1975）
23) L. Howarth : On the solution of the laminar boundary layer equations, Proceedings of the royal society of London, A 164, pp. 547-579（1938）

演習問題解答

1章

〔**1.1**〕 $\rho = \rho_w \times s = 1\,000 \times 13.600 = 13\,600 \text{ kg/m}^3$

〔**1.2**〕 流体が空気と水の場合のせん断応力をそれぞれ計算すると

空気の場合：$\tau_a = \mu \dfrac{U}{H} = 1.822 \times 10^{-5} \times \dfrac{5.0}{100 \times 10^{-3}} = 0.91 \times 10^{-3}\text{ Pa}$

水の場合：$\tau_w = \mu \dfrac{U}{H} = 100.2 \times 10^{-5} \times \dfrac{5.0}{100 \times 10^{-3}} = 0.050\text{ Pa}$

となるので，その比をとると以下のようになる。

せん断応力の比：$\dfrac{\tau_w}{\tau_a} = \dfrac{0.050}{0.91 \times 10^{-3}} = 55$

よって，水の場合のせん断応力は空気の場合の 55 倍となり，0.050 Pa となる。

〔**1.3**〕 $1.0\text{ L} = 1.0 \times 10^{-3}\text{ m}^3$ であるので，油の密度 ρ を計算すると，以下のようになる。

$$\rho = \dfrac{M}{V} = \dfrac{0.900}{1.0 \times 10^{-3}} = 900\text{ kg/m}^3$$

平板の平行移動により生じるせん断応力 τ は，式 (1.5) を変形して粘度を計算すると

$$\mu = \tau \dfrac{H}{U} = \dfrac{0.500 \times 9.807}{1.00} \times \dfrac{10.0 \times 10^{-3}}{0.500} = 0.098\,1\text{ Pa·s}$$

となる。したがって，動粘度は以下のようになる。

$$\nu = \dfrac{\mu}{\rho} = \dfrac{0.098\,1}{900} = 1.09 \times 10^{-4}\text{ m}^2/\text{s}$$

〔**1.4**〕 式 (1.10) を変形して以下のように求まる。

$$K = \dfrac{\Delta p}{\Delta V/V} = \dfrac{(2-1) \times 10^6}{5 \times 10^{-6}/1 \times 10^{-3}} = 2 \times 10^8\text{ Pa}$$

〔**1.5**〕 式 (1.12) より，以下のようになる。

水の場合：$a_w = \sqrt{\dfrac{K}{\rho}} = \sqrt{\dfrac{2.2 \times 10^9}{998.2}} = 1\,485\text{ m/s}$

空気の場合：$a_a = \sqrt{\dfrac{K}{\rho}} = \sqrt{\dfrac{1.4 \times 10^5}{1.205}} = 341\text{ m/s}$

〔**1.6**〕 式 (1.14) より，音速は以下のようになる。

-50 ℃ の空気の場合：$a_{-50} = \sqrt{\kappa RT} = \sqrt{1.402 \times 287.1 \times (273.15 - 50.0)}$
$= 299.7\text{ m/s}$

20℃の空気の場合：$a_{20} = \sqrt{\kappa RT} = \sqrt{1.402 \times 287.1 \times (273.15 + 20.0)} = 343.5$ m/s

$$\frac{a_{-50} - a_{20}}{a_{20}} = \frac{299.7 - 343.5}{343.5} = -0.1275 = -12.75\%$$

よって，-50.0℃の空気の場合の音速は 20.0℃の空気の場合の 12.75% 遅くなる。したがて，航空機が飛ぶ上空では地上よりもこれだけ音速が遅くなるといえる。

〔**1.7**〕 式 (1.15) より，以下のように求まる。

$$\Delta p = \frac{2\sigma}{d/2} = \frac{2 \times 0.0728}{\frac{2.0 \times 10^{-3}}{2}} = 146 \text{ Pa}$$

〔**1.8**〕 式 (1.16) より，以下のように求まる。

$$h = \frac{4\sigma \cos \theta}{\rho_w g d} = \frac{4 \times 0.0728 \times \cos 60.0}{998.2 \times 9.807 \times 2.0 \times 10^{-3}} = 7.4 \times 10^{-3} \text{ m} = 7.4 \text{ mm}$$

2章

〔**2.1**〕 式 (2.1) より

$$p = \frac{F}{A} = \frac{100}{100 \times 10^{-6}} = 1.00 \text{ MPa}$$

〔**2.2**〕 パスカルの原理より，両シリンダ内の圧力は等しいため

$$\frac{F}{A_1} = \frac{mg}{A_2}$$

$$F = mg \frac{A_1}{A_2} = 1000 \times 9.807 \times \frac{0.05}{12} = 40.9 \text{ N}$$

〔**2.3**〕 ゴムシートを剥がすのに必要な力は大気圧 p_0 によって押さえ付けられる力と等しいため

$$F = p_0 A = 101.3 \times 10^3 \times 0.3 \times 0.3 = 9.12 \text{ kN}$$

〔**2.4**〕 湖面から 30 m の深さにおける圧力は式 (2.4) よりゲージ圧にすると

$$p = \rho g h = 1000 \times 9.807 \times 30 = 294 \text{ kPa}$$

〔**2.5**〕 油と水の境界の圧力：

$$p = \rho_{oil} g h_1 = 860 \times 9.807 \times 0.03 = 253 \text{ Pa}$$

水と水銀の境界の圧力：

$$p = \rho_{oil} g h_1 + \rho_w g h_2 = 860 \times 9.807 \times 0.03 + 1000 \times 9.807 \times 0.07 = 940 \text{ Pa}$$

〔**2.6**〕 水柱の下端が大気圧であるので，下端を基準に圧力を計算すると

$$p = -\rho g h = -1000 \times 9.807 \times 0.1 = -981 \text{ Pa}$$

〔**2.7**〕 ピエゾメータ取付位置における圧力は

$$p = \rho_{oil} g h_1 + \rho_w g H = 860 \times 9.807 \times 0.03 + 1000 \times 9.807 \times 0.04 = 645.3 \text{ Pa}$$

これを水の液柱高さで表すと

$$p = \rho_w g h$$

$$h = \frac{p}{\rho_w g} = \frac{645.3}{1\,000 \times 9.81} = 65.8 \text{ mm}$$

〔**2.8**〕 開口端からタンクの圧力を計算すると

$$p_0 + \rho_w g h - \rho g h_1 = 110 \times 10^3$$

$$h = \frac{110 \times 10^3 - p_0 + \rho g \times 0.1}{\rho_w g}$$

$$= \frac{110 \times 10^3 - 101.3 \times 10^3 + 1.2 \times 9.807 \times 0.1}{1\,000 \times 9.807} = 887 \text{ mm}$$

〔**2.9**〕 点 A から順に圧力を求めていくと，式 (2.4) より点 B の圧力は

$$p_B = p_A + 1\,000 \times 9.807 \times 0.1 - 13\,600 \times 9.807 \times 0.05 - 870 \times 9.807 \times 0.12$$

したがって圧力差 $p_A - p_B$ は

$$p_A - p_B = -1\,000 \times 9.807 \times 0.1 + 13\,600 \times 9.807 \times 0.05 + 870 \times 9.807$$
$$\times 0.12 = 6.71 \text{ kPa}$$

また，タンク内の流体が空気，二酸化炭素であった場合は

$$p_B = p_A + 1.29 \times 9.807 \times 0.1 - 13\,600 \times 9.807 \times 0.05 - 1.98 \times 9.807 \times 0.12$$

したがって，圧力差 $p_A - p_B$ は

$$p_A - p_B = -1.29 \times 9.807 \times 0.1 + 13\,600 \times 9.807 \times 0.05 + 1.98 \times 9.807 \times 0.12$$
$$= -1.265 + 6\,668 + 2.330 = 6.67 \text{ kPa}$$

と U 字管内の液面差から求めた圧力 6.67 kPa にほぼ等しくなる．

〔**2.10**〕 点 B から圧力を計算すると

$$p_B - 800 \times 9.807 \times 0.2 + 1.2 \times 9.807 \times 0.05 + 1\,000 \times 9.807 \times 0.13 = p_A$$

$$p_A - p_B = -800 \times 9.807 \times 0.2 + 1.2 \times 9.807 \times 0.05 + 1\,000 \times 9.807 \times 0.13$$
$$= -294 \text{ Pa}$$

〔**2.11**〕 点 B から圧力を計算すると

$$p_B + 1.2 \times 9.807 \times (0.2 - 0.14) + 13\,600 \times 9.807 \times (0.14 - 0.12)$$
$$- 1.2 \times 9.807 \times (0.15 - 0.12) + 760 \times 9.807 \times (0.15 - 0.13)$$
$$- 1.2 \times 9.807 \times (0.2 - 0.13) = p_A$$

したがって

$$p_A - p_B = 1.2 \times 9.807 \times (0.06 - 0.03 - 0.07) + 13\,600 \times 9.807 \times 0.02$$
$$+ 760 \times 9.807 \times 0.02 = 2.82 \text{ kPa}$$

〔**2.12**〕

・四角形の場合：

窓の図心位置は，斜面に沿った座標 y で表すと

$$y_G = 0.03 + \frac{0.07}{2} = 65.0 \text{ mm}$$

この図心位置における圧力は
$$p_G = \rho g h_G = \rho g y_G \sin\theta$$
である。したがって，圧力による力は
$$F = p_G A = \rho g y_G \sin\theta \cdot A = 1\,000 \times 9.807 \times 0.065 \times \sin 60° \times 0.05 \times 0.07$$
$$= 1.93\,\text{N}$$
圧力中心は表 2.1 の式を用いると
$$x_C = \text{対称中心}$$
$$y_C = \frac{I_{xG}}{y_G A} + y_G = \frac{0.05 \times 0.07^3/12}{0.065 \times 0.05 \times 0.07} + 0.065 = 71.3\,\text{mm}$$
となる。

・三角形の場合：
窓の図心位置は，斜面に沿った座標 y で表すと
$$y_G = 0.03 + \frac{2}{3} \times 0.07 = 76.7\,\text{mm}$$
この図心位置における圧力による力は
$$F = p_G A = \rho g y_G \sin\theta \cdot A$$
$$= 1\,000 \times 9.807 \times 0.007\,666 \times \sin 60° \times \frac{0.05 \times 0.07}{2} = 1.14\,\text{N}$$
圧力中心は表 2.1 の式を用いると
$$x_C = \text{対称中心}$$
$$y_C = \frac{I_{xG}}{y_G A} + y_G = \frac{0.05 \times 0.07^3/36}{0.076\,66 \times \dfrac{0.05 \times 0.07}{2}} + 0.076\,66 = 80.2\,\text{mm}$$
となる。

〔2.13〕弁に働く圧力による力は，弁の図心位置における圧力と弁の面積から
$$F = p_G A = \rho g h_G A = 1\,000 \times 9.807 \times 1.5 \times \frac{\pi}{4} \times 0.2^2 = 462.1\,\text{N}$$
この力の作用点（圧力中心）は
$$y_C = \frac{I_{xG}}{y_G A} + y_G = \frac{\pi R^4/4}{y_G \pi R^2} + y_G = \frac{0.1^2/4}{1.5} + 1.5 = 1.5 + 1.667 \times 10^{-3}\,\text{m}$$
したがって，圧力による力がもたらす弁の回転中心軸まわりのモーメントは
$$M = F(y_C - y_G) = 462.1 \times 1.667 \times 10^{-3} = 0.770\,\text{N·m}$$

〔2.14〕左の水槽に入っている水の圧力による力 F_L は
$$F_L = p_G A = \rho g h_G A = 1\,000 \times 9.807 \times \frac{1.5}{2} \times 1.5 \times 1 = 11.03\,\text{kN}$$
であり，この力の作用点 $y_{C,L}$ は

$$y_{\text{C,L}} = \frac{I_{xG}}{y_G A} + y_G = \frac{ab^3/12}{y_G ab} + y_G = \frac{1.5^2/12}{0.75} + 0.75 = 1.00 \text{ m}$$

右の水槽に入っている水の圧力による力 F_R は

$$F_R = p_G A = \rho g h_G A = 1\,000 \times 9.807 \times \frac{0.7}{2} \times 0.7 \times 1 = 2.402 \text{ kN}$$

であり，この力の作用点 $y_{\text{C,R}}$ は

$$y_{\text{C,R}} = \frac{I_{xG}}{y_G A} + y_G = \frac{ab^3/12}{y_G ab} + y_G = \frac{0.7^2/12}{0.35} + 0.35 = 0.467 \text{ m}$$

この二つの力による水平方向の力は

$$F = F_L - F_R = 11.03 \times 10^3 - 2.402 \times 10^3 = 8.63 \text{ kN}$$

また，点 O 周りのモーメントは時計回りを正とすると

$$\begin{aligned}M &= F_L(1.5 - 1) - F_R(0.7 - 0.467) \\ &= 11.03 \times 10^3 \times 0.5 - 2.402 \times 10^3 \times 0.233 = 4.96 \times 10^3 \text{ N·m}\end{aligned}$$

[**2.15**] 気球に生じる浮力が重力による力より大きくなったとき，気球は浮上する。

$$F_B > W$$
$$\rho g V > \rho' g V + 200\, g$$
$$\rho' < \rho - \frac{200}{V} = 1.2 - \frac{200}{2\,000} = 1.1 \text{ kg/m}^3$$

したがって，気球内部の空気の密度が 1.1 kg/m^3 より小さくなれば気球は浮上する。

[**2.16**] 比重計に働く浮力と重力による力が釣り合っているので

$$F_B = W$$
$$s\rho_w g \cdot 0.9 V = mg$$
$$s = \frac{m}{\rho_w \cdot 0.9 V} = \frac{0.01}{1\,000 \times 0.9 \times 15 \times 10^{-6}} = 0.741$$

[**2.17**] 角材の全体積を V，水から出ている体積を v，重力加速度を g とする。角材に働く浮力と重力による力が釣り合っているので

$$F_B = W$$
$$1\,000 g(V - v) = 400 V g$$
$$\frac{v}{V} = 0.6$$

したがって，全体の 60 % が水から出ていることから，h は 0.06 m となる。

三角柱の場合：

三角柱の全体積を V，水から出ている体積を v とする。三角柱に働く浮力と重力による力が釣り合っているので

$F_\mathrm{B} = W$

$1\,000g(V - v) = 400Vg$

$\dfrac{v}{V} = 0.6$

ここで，木材の長さは1m，木材の三角形の高さは $H = \sqrt{3}L/2$，水から出ている部分の三角形の1辺の長さは $l = h'/(\sqrt{3}/2)$ であるので，v/V はつぎのようになる．

$$\dfrac{v}{V} = \dfrac{(lh'/2) \times 1}{(LH/2) \times 1} = \dfrac{\dfrac{h'}{\sqrt{3}/2} \times h'}{0.1 \times 0.1 \times \sqrt{3}/2} = \dfrac{h'^2}{0.1^2 \times 3/4} = 0.6$$

$h' = 0.067\,1\,\mathrm{m}$

〔2.18〕 気中，液中によらず物体に作用する重力による力 F_B と，ばねばかりによる力 F_k，浮力 mg が釣り合っている．

$F_\mathrm{B} + F_\mathrm{k} = mg$

空気中で測定した場合：$1.2Vg + 100 = \rho Vg$

水中で測定した場合：$1\,000Vg + 60 = \rho Vg$

上記2式を連立すると

$$V = \dfrac{60}{g(\rho - 1\,000)}$$

$$1.2\dfrac{60}{(\rho - 1\,000)} + 100 = \rho\dfrac{60}{(\rho - 1\,000)}$$

$$\rho = \dfrac{10^5 - 1.2 \times 60}{40} = 2\,498\,\mathrm{kg/m^3}$$

$$V = \dfrac{60}{9.807 \times (2\,498 - 1\,000)} = 4.08 \times 10^{-3}\,\mathrm{m^3}$$

〔2.19〕 容器とともに落下する水に作用する重力加速度は，落下による加速度分だけ減ったように働く．したがって

$p = \rho(g - \alpha)h = 1\,000 \times (9.807 - 5) \times 0.1 = 481\,\mathrm{Pa}$

〔2.20〕 回転する容器とともに運動する水の液面形状 z は

$$z = \dfrac{r^2\Omega^2}{2g} + z_0$$

である．ここで，中の水がこぼれないため回転の前後で中の水の体積は変わらないので

$$(0.12 - z_0)R = \int_0^R (z - z_0)dr$$

$$z_0 = 0.12 - \dfrac{\Omega^2}{6g}R^2$$

したがって，容器外縁における水の液面高さは

$$z = \frac{R^2\Omega^2}{2g} + 0.12 - \frac{R^2\Omega^2}{6g} = \frac{R^2\Omega^2}{3g} + 0.12$$

となる．これが150 mm を超えないためには

$$0.15 > \frac{R^2\Omega^2}{3g} + 0.12$$

$$\Omega < \sqrt{\frac{3g(0.15 - 0.12)}{R^2}} = \sqrt{\frac{3 \times 9.807 \times (0.15 - 0.12)}{0.05^2}}$$

$$= 18.8 \text{ rad/s} = 179 \text{ rpm}$$

3章

[**3.1**] 円筒座標系における速度ベクトル $V = (V_r, V_\theta, V_z)$ を用いて渦度ベクトルは次式のように表される．

$$\boldsymbol{\omega} = \left(\frac{1}{r}\frac{\partial V_z}{\partial \theta} - \frac{\partial V_\theta}{\partial z}, \frac{\partial V_r}{\partial z} - \frac{\partial V_z}{\partial r}, \frac{1}{r}\frac{\partial}{\partial r}(rV_\theta) - \frac{1}{r}\frac{\partial V_r}{\partial \theta} \right)$$

2次元の自由渦では，$V_r = 0$, $V_\theta = A/r$ より

$$\omega_z = \frac{1}{r}\frac{\partial}{\partial r}\left(r\frac{A}{r}\right) = 0$$

となり，渦度がゼロになるので，自由渦は渦なし流れになる．一方，強制渦では $V_r = 0$, $V_\theta = Ar$ より

$$\omega_z = \frac{1}{r}\frac{\partial}{\partial r}(rAr) = 2A$$

となり，渦度が回転角速度の2倍になるので，強制渦は渦あり流れになる．

[**3.2**] レイノルズ数の定義より

$$Re = \frac{Ud}{\nu} = \frac{\rho Ud}{\mu} = \frac{1\,000 \times 1 \times 20 \times 10^{-3}}{1.0 \times 10^{-3}} = 20\,000$$

となり，臨界レイノルズ数 $Re_c = 2\,300$ より大きいので管内の流れは乱流になる．

[**3.3**] 連続の式より，流速 V_1 は次式のようになる．

$$V_1 = \frac{Q}{A_1} = \frac{Q}{\frac{\pi}{4}d_1^2} = \frac{30 \times 10^{-3}/60}{\frac{\pi}{4} \times (25 \times 10^{-3})^2} \cong 1.0 \text{ m/s}$$

[**3.4**] 連続の式より，流速 V_2 は次式のようになる．

$$V_2 = \frac{A_1}{A_2}V_1 = \frac{\frac{\pi}{4}d_1^2}{\frac{\pi}{4}d_2^2}V_1 = \frac{(20 \times 10^{-3})^2}{(10 \times 10^{-3})^2} \times 5.0 = 20 \text{ m/s}$$

[**3.5**] 式 (3.13) より，速度 V は次式のようになる．

$$V = \sqrt{2gh} = \sqrt{2 \times 9.807 \times 8.0} \cong 13 \text{ m/s}$$

[**3.6**] 式 (3.13) より，放出される水の速度 V は

$V = \sqrt{2gh} = \sqrt{2 \times 9.807 \times 5.0} \cong 9.90 \text{ m/s}$

となるので，流量 Q は次式のようになる．

$Q = \dfrac{\pi}{4} d^2 \times V = \dfrac{\pi}{4} \times (10 \times 10^{-3})^2 \times 9.90 \times 60 \times 1\,000 \cong 47 \text{ L/min}$

〔**3.7**〕 動圧の定義より，空気の場合，動圧は次式のようになる．

$\dfrac{\rho V^2}{2} = \dfrac{1.2 \times 10^2}{2} = 60 \text{ Pa}$

一方，水の場合，動圧は

$\dfrac{\rho V^2}{2} = \dfrac{1\,000 \times 10^2}{2} = 50\,000 \text{ Pa}$

となり，空気と水の密度の比だけ空気に比べて大きな動圧になる．

〔**3.8**〕 式 (3.16) より，流速 V は次式のようになる．

$V = \sqrt{\dfrac{2 \times (1\,000 - 1.2) \times 9.807 \times 100 \times 10^{-3}}{1.2}} \cong 40 \text{ m/s}$

〔**3.9**〕 管路およびのど部の断面積はそれぞれ

$A_1 = \dfrac{\pi}{4} \times (100 \times 10^{-3})^2 \cong 7.85 \times 10^{-3} \text{ m}^2$

$A_2 = \dfrac{\pi}{4} \times (60 \times 10^{-3})^2 \cong 2.83 \times 10^{-3} \text{ m}^2$

となり，これらを式 (3.21) に代入して得られる流速 V_1 に流量係数 C と断面積 A_1 を乗じて流量 Q は次式のようになる．

$Q = \dfrac{1.0 \times 7.85 \times 10^{-3}}{\sqrt{(7.85 \times 10^{-3} / 2.83 \times 10^{-3})^2 - 1}} \times \sqrt{\dfrac{2 \times (1\,000 - 1.2) \times 9.807 \times 35 \times 10^{-3}}{1.2}}$

$\cong 7.25 \times 10^{-2} \text{ m}^3/\text{s} = 7.25 \times 10^{-2} \times 60 \text{ m}^3/\text{min} = 4.4 \text{ m}^3/\text{min}$

〔**3.10**〕 管路およびのど部の断面積はそれぞれ

$A_1 = \dfrac{\pi}{4} \times (30 \times 10^{-3})^2 \cong 0.707 \times 10^{-3} \text{ m}^2$

$A_2 = \dfrac{\pi}{4} \times (15 \times 10^{-3})^2 \cong 0.177 \times 10^{-3} \text{ m}^2$

となり，これらと式 (3.22) より，液柱差 h は次式のようになる．

$h = \dfrac{1\,000}{13\,600 - 1\,000} \times \left[\left(\dfrac{1}{0.177 \times 10^{-3}} \right)^2 - \left(\dfrac{1}{0.707 \times 10^{-3}} \right)^2 \right]$

$\qquad \times \dfrac{(20 \times 10^{-3}/60)^2}{2 \times 9.807}$

$\cong 0.013\,6 \text{ m} \cong 14 \text{ mm}$

4章

〔4.1〕 例題 4.3 の式 (4.18) につぎの値を代入する。

$\rho = 1\,000 \text{ kg/m}^3$

$A = \dfrac{\pi}{4} d^2 = \dfrac{\pi}{4} 0.015^2 = 1.767 \times 10^{-4} \text{ m}^2$

$u_1 = 20 \text{ m/s}$

これより，$D_x = 70.7$ N

〔4.2〕 例題 4.3 の式 (4.19) につぎの値を代入する。

$\rho = 1\,000 \text{ kg/m}^3$

$A = \dfrac{\pi}{4} d^2 = \dfrac{\pi}{4} 0.015^2 = 1.767 \times 10^{-4} \text{ m}^2$

$u_1 = 20 \text{ m/s}$

$U = 10 \text{ m/s}$

これより，$D_x = 17.7$ N

〔4.3〕 壁に垂直な検査体積を考えることで，基本的には「例題 4.3」の式 (4.18) を用いることができる。噴流の壁に垂直方向の速度成分は $V' = V \sin \theta$ であるので，噴流の壁に垂直方向の流入運動量は $\rho Q V \sin \theta$ である。これより

$D = -D' = \rho Q V \sin \theta = \rho A V^2 \sin \theta$

よって，壁の噴流方向に作用する力は

$D_0 = D \sin \theta = \rho A V^2 \sin^2 \theta$

となる。この式につぎの値を代入する。

$\rho = 1\,000 \text{ kg/m}^3$

$A = \dfrac{\pi}{4} d^2 = \dfrac{\pi}{4} 0.015^2 = 1.767 \times 10^{-4} \text{ m}^2$

$V = 20 \text{ m/s}$

$\theta = 60°$

これより，$D_0 = 53.0$ N

〔4.4〕 基本的には「例題 4.3」の式 (4.18) を用いることができるが，この問題では流量は一定のまま噴流の速度が下流方向に増加する。このため，検査体積は壁の近傍で考えるのがよい。

この場合，壁直前での噴流速度はベルヌーイの式を用い（ここで，$P_1 = P_2 = 0$ とする），方向性を考えると次式のようになる。

$V' = -\sqrt{V^2 + 2gh}$

これより

$D_y = -D'_y = \rho Q V' = \rho A |V| V' = -\rho A |V| \sqrt{V^2 + 2gh}$

上式に下記の値を代入する．

$\rho = 1\,000\text{ kg/m}^3$

$A = \dfrac{\pi}{4} d^2 = \dfrac{\pi}{4} 0.015^2 = 1.767 \times 10^{-4}\text{ m}^2$

$V = -20\text{ m/s}$

$h = 1\text{ m}$

$g = 9.807\text{ m/s}^2$

これより，$D_y = -72.4\text{ N}$

[**4.5**] 基本的には「例題 4.3」の式 (4.18) を用いることができるが，この問題では流量は一定のまま噴流の速度が下流方向に減少する．このため，前問と同様に検査体積は壁の近傍で考えるのがよい．

この場合，壁直前での噴流速度はベルヌーイの定理を用い（ここで $P_1 = P_2 = 0$ とする），方向性を考えると次式のようになる．

$V' = \sqrt{V^2 - 2gh}$

これより

$D_y = -D'_y = \rho Q V' = \rho A |V| V' = \rho A |V| \sqrt{V^2 - 2gh}$

上式に下記の値を代入する．

$\rho = 1\,000\text{ kg/m}^3$

$A = \dfrac{\pi}{4} d^2 = \dfrac{\pi}{4} 0.015^2 = 1.767 \times 10^{-4}\text{ m}^2$

$V = 20\text{ m/s}$

$h = 1\text{ m}$

$g = 9.807\text{ m/s}^2$

これより，$D_y = 68.9\text{ N}$

[**4.6**] 4.3.1 項の式 (4.15) につぎの値を代入する．

$\rho = 1\,000\text{ kg/m}^3$

$A = \dfrac{\pi}{4} d^2 = \dfrac{\pi}{4} 0.02^2 = 3.142 \times 10^{-4}\text{ m}^2$

$V = 10\text{ m/s}$

$\theta = 30°$

これより，$D_x = 4.21\text{ N}$，$D_y = -15.71\text{ N}$

[**4.7**] 4.3.1 項の式 (4.17) につぎの値を代入する．

$\rho = 1\,000\text{ kg/m}^3$

$A = \dfrac{\pi}{4} d^2 = \dfrac{\pi}{4} 0.02^2 = 3.142 \times 10^{-4}\text{ m}^2$

$V = 10$ m/s
$U = 5$ m/s
$\theta = 30°$

これより，$D_x = 1.05$ N, $D_y = -3.93$ N

〔**4.8**〕 4.3.2 項の式 (4.22) につぎの値を代入する。

$\rho = 1\,000$ kg/m³

$g = 9.807$ m/s²

$A = \dfrac{\pi}{4} d^2 = \dfrac{\pi}{4} 0.5^2 = 0.196\,3$ m²

$H = 5$ m

これより，$D_x = -19\,256$ N

〔**4.9**〕 ウォータージェットの一つのノズル当り 40 kg を支える推力があればよい。ウォータージェットをロケットエンジンと見なし，4.3.3 項の式 (4.26) につぎの値を代入して V_out を求める。

$\rho_\text{out} = 1\,000$ kg/m³

$A_\text{out} = \dfrac{\pi}{4} d^2 = \dfrac{\pi}{4} 0.1^2 = 7.854 \times 10^{-3}$ m²

$T = mg = 40 \times 9.807 = 392.28$ N

これより，$V_\text{out} = 7.07$ m/s であり，二つのノズルでの合計の流量は

$Q = 2 A_\text{out} V_\text{out} = 0.111$ m³ ($= 6.66$ m³/min)

〔**4.10**〕 4.3.3 項の式 (4.24) を質量流量 $G = \rho Q$ を用いて次式のように変形する。

$T = G_\text{out} V_\text{out} - G_\text{in} V_\text{in}$

上式につぎの値を代入する。

$G_\text{out} = 1.8$ kg/s

$G_\text{in} = 1.8$ kg/s

$V_\text{in} = 500$ km/h $= 138.9$ m/s

$V_\text{out} = 600$ m/s

これより，$T = 1.8(600 - 138.9) = 830$ N

〔**4.11**〕 4.4 節の式 (4.28b) を適用すると，$V_{t1} = 0$ なので回転力 T_R は次式のようになる。

$T_R = \rho Q r V_{t2}$

ここで，$V_{t2} = V \cos\theta - \Omega r$ なので最終的に次式のようになる。

$T_R = \rho Q r (V \cos\theta - \Omega r)$

・スプリンクラーを手で止めた場合： 上式に $\Omega = 0$ を代入すると

$T_R = \rho Q r V \cos\theta$

・スプリンクラーから手を放した場合： この場合は回転力 T_R が発生しないので，上式に $T_R = 0$ を代入すると

$$\Omega = \frac{V \cos \theta}{r}$$

5章

〔**5.1**〕 円管内の平均流速は $V = 4Q/(\pi d^2)$ である。
水温20℃のとき，$\nu = 1.0038 \times 10^{-6}\,\mathrm{m^2/s}$，管内流のレイノルズ数は

$$Re = \frac{Vd}{\nu} = \frac{4Q}{\pi d\nu} = 3363 > Re_c = 2300$$

よって，流れは乱流である。また，$Re_c = V_c d/\nu = 2300$ より，臨界流速は，$V_c = 0.12\,\mathrm{m/s}$ と求められる。

水温が10℃上昇した場合，水温は30℃となり，水の動粘度は，$\nu = 0.8008 \times 10^{-6}\,\mathrm{m^2/s}$ である。

同様にレイノルズ数を求めると $Re = 4215 > Re_c = 2300$

よって，流れは乱流に変わる。この時の臨界流速は $V_c = 0.092\,\mathrm{m/s}$ となる。

〔**5.2**〕 20℃の標準空気の動粘度は，$\nu = 15.15 \times 10^{-6}\,\mathrm{m^2/s}$

管内流れのレイノルズ数は

$$Re = \frac{V_1 d}{\nu} = \frac{0.5 \times 30 \times 10^{-3}}{15.15 \times 10^{-6}} = 990 < Re_c = 2300$$

よって，流れは層流である。

円管内径が6mmに縮小した場合，連続の式より

$$V_2 = \frac{A_1}{A_2} V_1 = \left(\frac{d_1}{d_2}\right)^2 V_1$$

このときのレイノルズ数は，$Re = \dfrac{d_2 V_2}{\nu} = 4950 > Re_c = 2300$

よって，流れは乱流に変わる。

〔**5.3**〕 (a) ダルシー・ワイスバッハの式より

$$h_f = \lambda \frac{L}{d} \frac{V^2}{2g} \tag{1}$$

$V = \dfrac{Q}{A} = \dfrac{4Q}{\pi d^2}$ なので，式 (1) に代入すると

$$h_f = \lambda \frac{L}{d} \frac{1}{2g} \left(\frac{4Q}{\pi d^2}\right)^2 = \frac{8\lambda L Q^2}{\pi^2 g d^5}$$

(b) 図5.3により，管内の圧力降下は

$$\Delta p = p_1 - p_2 = \rho g h_f \tag{2}$$

管路断面に働く圧力は，管壁に働く摩擦力と釣り合うので

$$\Delta p \frac{\pi d^2}{4} = \pi dL\tau_w \tag{3}$$

式 (2) を式 (3) に代入して整理すると，$\tau_w = \dfrac{d\rho g h_f}{4L}$

[5.4] 層流であるなら，流量と圧力降下と関係は，$Q = \dfrac{\pi d^4}{128\mu} \dfrac{\Delta p}{L}$

よって，$\mu = \dfrac{\pi d^4}{128 Q} \dfrac{\Delta p}{L} = \dfrac{\pi \times (60 \times 10^{-3})^4 \times 250 \times 10^3}{128 \times 0.02 \times 400} = 0.099 \text{ Pa·s}$

[5.5] 管内平均流速は，$V = \dfrac{4Q}{\pi d^2} = \dfrac{4 \times 2 \times 10^{-4}}{\pi \times (50 \times 10^{-3})^2} = 0.1 \text{ m/s}$

レイノルズ数は $Re = \dfrac{\rho V d}{\mu} = \dfrac{900 \times 0.1 \times 50 \times 10^{-3}}{0.02 \times 10^{-3}} = 225 < Re_c = 2\,300$

よって，管内流れは層流である．

(a) 最大流速は円管中心軸上の流速であり，$u_{\max} = 2V = 2 \times 0.1 = 0.2 \text{ m/s}$

(b) 圧力勾配は，流量と圧力降下との関係より，つぎのように求める．

$$\dfrac{\Delta p}{L} = \dfrac{128 \mu Q}{\pi d^4} = \dfrac{128 \times 0.02 \times 0.2 \times 10^{-5}}{\pi \times (50 \times 10^{-3})^4} = 26.09 \approx 26.1 \text{ Pa/m}$$

(c) 圧力損失

$\Delta P = L(\Delta p/L) = 26.1 \times 100 = 2.6 \text{ kPa}$

(d) 円管壁面のせん断応力

$$\tau_w = \dfrac{d}{4} \dfrac{\Delta p}{L} = \dfrac{50 \times 10^{-3}}{4} \times 26.1 = 0.32 \text{ N/m}^2$$

[5.6] 20℃のときの水の動粘度は，$\nu = 1.003\,8 \times 10^{-6} \text{ m}^2/s$ である．よって，レイノルズ数は

$$Re = \dfrac{Vd}{\nu} = \dfrac{2.5 \times 200 \times 10^{-3}}{1.003\,8 \times 10^{-6}} = 4.98 \times 10^5$$

図 5.11 より鋳鉄管の管円壁の粗さは $\varepsilon = 0.26$ であり，$d = 200 \text{ mm}$ の場合の相対粗さは $\varepsilon/d = 0.001\,3$ となる．ムーディ線図より管摩擦係数は $\lambda = 0.021$．したがって，管摩擦による管路の損失圧力は

$$\Delta p = \lambda \dfrac{L}{d} \dfrac{\rho V^2}{2} = 0.021 \times \dfrac{300}{200 \times 10^{-3}} \times \dfrac{998.2 \times 2.5^2}{2} = 98\,260 \text{ Pa} \approx 98 \text{ kPa}$$

[5.7] 管内平均流速 $V = \dfrac{4Q}{\pi d^2} = 0.46 \text{ m/s}$

油の密度は，$\rho = s\rho_w = 0.85 \times 1\,000 = 850 \text{ kg/m}^3$

管内流のレイノルズ数は

$$Re = \dfrac{Vd}{\nu} = \dfrac{0.46 \times 0.5}{10 \times 10^{-6}} = 2.3 \times 10^4 > Re_c = 2\,300$$

よって，流れは乱流であり，そのレイノルズ数が $3 \times 10^3 < Re < 1 \times 10^5$ となるため，ブラジウスの式より管摩擦係数 λ を求める．

$$\lambda = 0.3164 Re^{-1/4} = 0.026$$

必要な圧力差は

$$\Delta p = \lambda \rho \frac{L}{d} \frac{V^2}{2} \approx 9.3 \text{ kPa}$$

〔**5.8**〕 開放タンクの水面における流速と圧力をそれぞれ V_1, p_1, 管出口の位置の流速と圧力を V_2, p_2 とする．p_1 と p_2 は大気圧であり，その値（ゲージ圧）はゼロである．

(a) すべての損失を無視した場合，タンク水面から管出口までのエネルギー保存により下記ベルヌーイの式が成り立つ．

$$\frac{V_1^2}{2g} + \frac{p_1}{\rho g} + H = \frac{V_2^2}{2g} + \frac{p_2}{\rho g}$$

ここで，タンク水面の降下速度（$V_2 \gg V_1 \approx 0$）を無視すると

$$\frac{V_2^2}{2g} = H$$

よって，$V_2 = \sqrt{2gH}$

(b) 管摩擦のみを考慮した場合，管摩擦係数を λ，その損失ヘッドを h_f とし，修正ベルヌーイの式より

$$\frac{V_1^2}{2g} + \frac{p_1}{\rho g} + H = \frac{V_2^2}{2g} + \frac{p_2}{\rho g} + h_\text{f}$$

ここで $V_1 = 0$, $p_1 = p_2 = 0$, $h_\text{f} = \lambda(L/d)V_2^2/(2g)$ を代入して整理すると

$$V_2 = \sqrt{\frac{2gH}{1 + \lambda(L/d)}}$$

〔**5.9**〕 (a) 水槽水面の流速，圧力，位置をそれぞれ V_1, p_1, z_1, 円管出口の流速，圧力，位置をそれぞれ V_2, p_2, z_2 と記す．円管入り口の局所損失（h_s）および円管摩擦損失（h_f）を考慮し，水槽水面から円管出口まで修正ベルヌーイの式が成り立つ．

$$\frac{V_1^2}{2g} + \frac{p_1}{\rho g} + z_1 = \frac{V_2^2}{2g} + \frac{p_2}{\rho g} + z_2 + \zeta_\text{in}\frac{V_2^2}{2g} + \lambda\frac{L}{d}\frac{V_2^2}{2g}$$

ここで，円管出口 $z_2 = 0$ とすると，$z_1 = L + H$ となり，水面速度 $V_1 = 0$，水面と円管出口の圧力は $p_1 = p_2 = 0$ を代入すると

$$H + L = \frac{V_2^2}{2g}\left(1 + \zeta_\text{in} + \lambda\frac{L}{d}\right)$$

よって

$$V_2 = \sqrt{\frac{2g(H+L)}{1+\zeta_{in}+\lambda\dfrac{L}{d}}}$$

円管中の水の流量は

$$Q = AV_2 = \frac{\pi d^2}{4}\sqrt{\frac{2g(H+L)}{1+\zeta_{in}+\lambda\dfrac{L}{d}}}$$

(b) 与えられた条件において，管内平均流速は

$$V_2 = \sqrt{\frac{2gz_1}{1+\zeta_{in}+\lambda\dfrac{L}{d}}}$$

$$= \sqrt{\frac{2\times 9.81 \times 6}{1+0.5+0.02\times\dfrac{5}{20\times 10^{-3}}}} \approx 4.3\,\text{m/s}$$

(c) このとき，管内流れのレイノルズ数は

$$Re = \frac{V_m d}{\nu} = \frac{4.3\times(20\times 10^{-3})}{10\times 10^{-6}} = 8.6\times 10^4$$

したがって，流れは乱流である。

[**5.10**] (a) 断面①と断面②で流体が持つ総ヘッドの差を h_f とし，下記修正ベルヌーイの式が成り立つ。

$$\frac{V_1^2}{2g}+\frac{p_1}{\rho g}+z_1 = \frac{V_2^2}{2g}+\frac{p_2}{\rho g}+z_2+h_f$$

ここで，$V_1 = V_2$ なので

$$h_f = \frac{p_1-p_2}{\rho g}+z_1-z_2 = \frac{350\times 10^3 - 250\times 10^3}{900\times 9.81}+1.0-7.0 = 5.3\,\text{m}$$

$h_f > 0$ であるから，油は断面①→断面②の方向に流れる（エネルギーの高いところから低いところへ）。

(b) $\Delta p = \rho g h_f \approx 46.8\,\text{kPa}$

(c) 円管内流れは層流と仮定した場合，管摩擦係数 λ は

$$\lambda = \frac{64}{Re} = \frac{64\nu}{V_m d}$$

これをダルシー・ワイスバッハの式に代入すると

$$h_f = \lambda\frac{L}{d}\frac{V^2}{2g} = \frac{32\nu L V}{gd^2}$$

よって

$$V = \frac{gd^2 h_f}{32\nu L}$$

$h_f = 5.3\,\text{m}$ を代入すると，平均流速 V は

$$V = \frac{9.8 \times (60 \times 10^{-3})^2 \times 5.3}{32 \times 2.0 \times 10^{-4} \times (7.0 - 1.0)} = 4.87 \text{ m/s}$$

(d) $\quad Q = AV = \dfrac{\pi (60 \times 10^{-3})^2 \times 4.87}{4} = 1.38 \times 10^{-2} \text{ m}^3/\text{s}$

(e) 　管内流れのレイノルズ数は

$$Re = \frac{Vd}{\nu} = \frac{4.87 \times 60 \times 10^{-3}}{2.0 \times 10^{-4}} = 1\,461 < Re_\text{c} = 2\,300$$

したがって，流れは層流とした仮定は妥当であった。

〔**5.11**〕　水槽水面の流速，圧力，位置をそれぞれ V_1, p_1, z_1, 管出口の流速，圧力，位置をそれぞれ V_2, p_2, z_2 と記す。表5.3より仕切弁が全開したときの損失係数は $\zeta_\text{v} = 0.233$。

　水槽水面と管出口との間に修正ベルヌーイの式を適用すると

$$\frac{V_1{}^2}{2g} + \frac{p_1}{\rho g} + z_1 = \frac{V_2{}^2}{2g} + \frac{p_2}{\rho g} + z_2 + \zeta_\text{in} \frac{V_2{}^2}{2g} + \lambda \frac{L}{d} \frac{V_2{}^2}{2g}$$
$$+ 2\zeta_\text{B} \frac{V_2{}^2}{2g} + \zeta_\text{v} \frac{V_2{}^2}{2g}$$

ここで $V_1 = 0$，$z_2 = 0$ とし，水面と円管出口の圧力は大気圧なので，$p_1 = p_2 = 0$ となる。上の式を整理すると

$$z_1 = \frac{V_2{}^2}{2g}\left(1 + \zeta_\text{in} + 2\zeta_\text{B} + \zeta_\text{v} + \lambda \frac{L}{d}\right)$$

よって

$$V_2 = \sqrt{\frac{2gz_1}{1 + \zeta_\text{in} + \lambda(L/d) + 2\zeta_\text{B} + \zeta_\text{v}}}$$
$$= \sqrt{\frac{2 \times 9.81 \times 30}{1 + 0.5 + 0.03 \times \dfrac{1\,000}{20 \times 10^{-2}} + 2 \times 0.135 + 0.233}} = 1.97 \text{ m/s}$$

流量 Q は

$$Q = AV_2 = \frac{\pi \times (20 \times 10^{-2})^2 \times 1.97}{4} = 6.19 \times 10^{-2} \text{ m}^3/\text{s}$$

(b)　入口損失，ベント，弁の損失を無視した場合，流量 Q' は

$$Q' = \frac{\pi d^2}{4}\sqrt{\frac{2gz_1}{1 + \lambda(L/d)}}$$
$$= \frac{\pi \times (2.0 \times 10^{-2})^2}{4} \times \sqrt{\frac{2 \times 9.81 \times 30}{1 + 0.03 \times \dfrac{1\,000}{2.0 \times 10^{-2}}}} \approx 6.20 \times 10^{-2} \text{ m}^3/\text{s}$$

したがって，流量の見積もりの差は

$$\frac{Q'-Q}{Q} = \frac{(6.2-6.19)}{6.19} = 0.16\,\%$$

入口損失，ベントと弁の損失を無視した流量の見積もりは 0.16％増加する。

〔**5.12**〕 水面での降下速度，圧力，位置をそれぞれ V_1, p_1, z_1 ポンプ入口の流速，圧力，位置をそれぞれ V_2, p_2, z_2，逆止めバルブ，エルボの損失係数をそれぞれ ζ_V, ζ_E とし，水面からポンプ入口までベルヌーイの式を適用すると

$$\frac{V_1^{\,2}}{2g}+\frac{p_1}{\rho g}+z_1 = \frac{V_2^{\,2}}{2g}+\frac{p_2}{\rho g}+z_2+\zeta_V\frac{V_2^{\,2}}{2g}+\lambda\frac{L}{d}\frac{V_2^{\,2}}{2g}+\zeta_E\frac{V_2^{\,2}}{2g}$$

ここで $V_1=0$, $z_1=0$，水面の圧力は大気圧であり，ゲージ圧力 $p_1=0$ となる。代入して整理すると，ポンプ入口での圧力 p_2 は下記に求める。

$$\frac{p_2}{\rho g} = -\frac{V_2^{\,2}}{2g}\left(1+\lambda\frac{L}{d}+\zeta_V+\zeta_E\right)-z_2$$

$$= -\frac{V_2^{\,2}}{2g}\left(1+\lambda\frac{L_1+L_2}{d}+\zeta_V+\zeta_E\right)-h$$

したがって

$$p_2 = -\frac{\rho V_2^{\,2}}{2}\left(1+\zeta_V+\lambda\frac{L_1+L_2}{d}+\zeta_E\right)-\rho gh$$

$$= -\frac{1\,000\times 4.0^2}{2}\left(1.0+1.56+0.025\times\frac{3.0+3.0}{1.0\times 10^{-2}}+1.0\right)$$
$$\quad -1\,000\times 9.81\times(3.0-1.5)$$
$$\approx -55.2\,\mathrm{kPa}$$

すなわち，ポンプ入口における吸い込み圧力は $-55.2\,\mathrm{kPa}$ である。

6章

〔**6.1**〕 走行速度 60 km/h は，$U=60\times 1\,000/(60\times 60)=16.7\,\mathrm{m/s}$
式 (6.2) より，以下のようになる。

$$u = \frac{L}{l}U = \frac{1}{1/4}\times 16.7 = 66.8\,\mathrm{m/s}$$

〔**6.2**〕 走行速度 60 km/h は，$U=60\times 1\,000/(60\times 60)=16.7\,\mathrm{m/s}$ である。したがって，空気抵抗 D は式 (6.4) より，以下のようになる。

$$D = C_D\times\frac{1}{2}\rho U^2 S = 0.4\times\frac{1}{2}\times 1.2\times 16.7^2\times 2.2 = 147.3\,\mathrm{N}$$

〔**6.3**〕 飛行速度 80 km/h は，$U=80\times 1\,000/(60\times 60)=22.2\,\mathrm{m/s}$ である。したがって，グライダーに働く揚力 L は式 (6.3) より，以下のようになる。

$$L = C_L\times\frac{1}{2}\rho U^2 S = 1.2\times\frac{1}{2}\times 1.2\times 22.2^2\times 15.0 = 5\,323 = 5.32\,\mathrm{kN}$$

〔**6.4**〕 円柱の抗力係数は表 6.1 より $C_D=1.17$ であり，円柱と翼形で抗力は等しい

ので，以下のようになる．

$$D = C_D \times \frac{1}{2}\rho U^2 dL = C_{Da} \times \frac{1}{2}\rho U^2 cL$$

$$\therefore c = d \times \frac{C_D}{C_{Da}} = 0.020 \times \frac{1.17}{0.01} = 2.34 = 2\,340 \text{ mm}$$

$$t = \frac{12}{100} c = \frac{12}{100} \times 2\,340 = 280.8 \approx 281 \text{ mm}$$

〔**6.5**〕 走行速度 100 km/h は，$U = 100 \times 1\,000/(60 \times 60) = 27.8$ m/s である．このアンテナは直径 $d = 5$ mm の円柱と見立てることができるため，そのストローハル数 St を 0.2 とすると

$$f = \frac{U}{d} St = \frac{27.8}{0.005} \times 0.2 = 1\,112 \text{ Hz}$$

となる．

〔**6.6**〕 式 (6.11) より，以下のようになる．

$$V = \sqrt{\frac{4}{3}\left(\frac{\rho_{al}}{\rho_a} - 1\right)\frac{gd}{C_D}} = \sqrt{\frac{4}{3} \times \left(\frac{2.7 \times 10^3}{1.2} - 1\right) \times \frac{9.81 \times 50 \times 10^{-3}}{0.5}}$$

$$= 54.2 \approx 54 \text{ m/s}$$

〔**6.7**〕 式 (6.12) より，微粒子の落下速度は以下のようになる．

$$V = \frac{1}{18}\frac{\rho_p - \rho_a}{\mu}gd^2 = \frac{1}{18} \times \frac{500 - 1.2}{1.822 \times 10^{-5}} \times 9.81 \times (70 \times 10^{-6})^2$$

$$= 0.073\,1 \approx 0.073 \text{ m/s}$$

このときのレイノルズ数 Re は式 (6.1) より

$$Re = \frac{Vd}{\nu} = \frac{V\rho_a d}{\mu} = \frac{0.073 \times 1.2 \times 70 \times 10^{-6}}{1.822 \times 10^{-5}} = 0.337 \approx 0.34$$

となる．

〔**6.8**〕 翼の片側は台形なので，平均翼弦長は以下のように計算できる．

$$\bar{c} = \frac{c_m + c_t}{2} = \frac{4.0 + 1.2}{2} = 2.6 \text{ m}$$

翼面積は以下のように計算できる．

$$S = b\bar{c} = 12 \times 2.6 = 31.2 \text{ m}^2$$

アスペクト比は以下のように計算できる．

$$AR = \frac{b}{\bar{c}} = \frac{12}{2.6} = 4.6$$

〔**6.9**〕 飛行速度を時速から秒速に変換すると，以下のようになる．

$$U = 260 \times \frac{1\,000}{60 \times 60} = 72.2 \text{ m/s}$$

よって，揚力係数，抗力係数，揚抗比は，式 (6.21)，(6.22)，(6.23) より，それぞ

れ

$$C_\mathrm{L} = \frac{2Mg}{\rho U^2 S} = \frac{4\,000 \times 9.807}{\dfrac{1}{2} \times 1.0 \times 72.2^2 \times 32.0} = 0.47$$

$$C_\mathrm{D} = \frac{2T}{\rho U^2 S} = \frac{5.82 \times 1\,000}{\dfrac{1}{2} \times 1.0 \times 72.2^2 \times 32.0} = 0.070$$

$$\frac{C_\mathrm{L}}{C_\mathrm{D}} = \frac{0.47}{0.070} = 6.71$$

となる。

〔**6.10**〕 式 (6.29) より

$$x = \frac{8.0 \times 10^5 \times 1.5 \times 10^{-5}}{20} = 0.6 \text{ m}$$

よって，乱流に遷移する位置は平板先端から 600 mm の位置である。

〔**6.11**〕 平板先端から 200 mm の位置でのレイノルズ数 Re_x は，式 (6.29) より

$$Re_x = \frac{Ux}{\nu} = \frac{20 \times 200 \times 10^{-3}}{1.5 \times 10^{-5}} = 2.67 \times 10^5$$

となる。したがって，層流境界層の境界層厚さ，排除厚さ，運動量厚さは，式 (6.37)，(6.38)，(6.39) より，それぞれ

$$\delta = 5.0 x Re_x^{-\frac{1}{2}} = 5.0 \times 200 \times 10^{-3} \times (2.67 \times 10^5)^{-\frac{1}{2}}$$
$$= 1.953 \times 10^{-3} \approx 1.95 \text{ mm}$$

$$\delta^* = 1.73 x Re_x^{-\frac{1}{2}} = 1.73 \times 200 \times 10^{-3} \times (2.67 \times 10^5)^{-\frac{1}{2}}$$
$$= 6.696 \times 10^{-4} \approx 0.670 \text{ mm}$$

$$\theta = 0.664 x Re_x^{-\frac{1}{2}} = 0.664 \times 200 \times 10^{-3} \times (2.67 \times 10^5)^{-\frac{1}{2}}$$
$$= 2.570 \times 10^{-4} \approx 0.257 \text{ mm}$$

となる。

〔**6.12**〕 平板先端から 200 mm の位置でのレイノルズ数 Re_x は，式 (6.29) より

$$Re_x = \frac{Ux}{\nu} = \frac{20 \times 200 \times 10^{-3}}{1.5 \times 10^{-5}} = 2.67 \times 10^5$$

となる。したがって，乱流境界層の境界層厚さ，排除厚さ，運動量厚さは，式 (6.44)，(6.45)，(6.46) より，それぞれ

$$\delta_\mathrm{T} = 0.37 x Re_x^{-\frac{1}{5}} = 0.37 \times 200 \times 10^{-3} \times (2.67 \times 10^5)^{-\frac{1}{5}}$$
$$= 6.080 \times 10^{-3} \approx 6.08 \text{ mm}$$

$$\delta^*{}_\mathrm{T} = 0.046 x Re_x^{-\frac{1}{5}} = 0.046 \times 200 \times 10^{-3} \times (2.67 \times 10^5)^{-\frac{1}{5}}$$
$$= 7.559 \times 10^{-4} \approx 0.756 \text{ mm}$$

$$\theta_\mathrm{T} = 0.036 x Re_x^{-\frac{1}{5}} = 0.036 \times 200 \times 10^{-3} \times (2.67 \times 10^5)^{-\frac{1}{5}}$$

$$= 5.916 \times 10^{-4} \approx 0.592 \text{ mm}$$

となる。

これらを層流境界層の場合と比較すると

$$\frac{\delta_\text{T}}{\delta} = \frac{6.08}{1.95} = 3.118 \approx 3.12$$

$$\frac{\delta^*_\text{T}}{\delta^*} = \frac{0.756}{0.670} = 1.128 \approx 1.13$$

$$\frac{\theta_\text{T}}{\theta} = \frac{0.592}{0.257} = 2.304 \approx 2.30$$

となり，境界層の発達する距離が等しい場合は，乱流境界層での境界層厚さ，排除厚さ，運動量厚さは，それぞれ，層流境界層の3.12倍，1.13倍，2.30倍となる。

[**6.13**] 平板後端 ($x = l$) でのレイノルズ数 Re_l は，式 (6.29) より

$$Re_l = \frac{Ul}{\nu} = \frac{20 \times 500 \times 10^{-3}}{1.5 \times 10^{-5}} = 6.67 \times 10^5$$

となる。

層流境界層の場合の摩擦抗力係数は，式 (6.42) より，以下のようになる。

$$C_\text{fL} = 1.328 Re_l^{-\frac{1}{2}} = 1.328 \times (6.67 \times 10^5)^{-\frac{1}{2}} = 1.626 \times 10^{-3} \approx 1.63 \times 10^{-3}$$

乱流境界層の場合の摩擦抗力係数は，式 (6.48) より，以下のようになる。

$$C_\text{fT} = 0.072 Re_l^{-\frac{1}{5}} = 0.072 \times (6.67 \times 10^5)^{-\frac{1}{5}} = 4.926 \times 10^{-3} \approx 4.93 \times 10^{-3}$$

よって，これらの比をとると

$$\frac{C_\text{fT}}{C_\text{fL}} = \frac{4.926 \times 10^{-3}}{1.626 \times 10^{-3}} = 3.030 \approx 3.03$$

となり，乱流境界層での摩擦抗力係数は層流境界層の場合の約3倍となることがわかる。

索　引

【あ】

圧縮性
　compressibility　　16
圧　力
　pressure　　25
圧力回復率
　pressure recovery rate
　　　　　　　　122
圧力降下
　pressure drop　　100
圧力損失
　pressure loss　　100
圧力中心
　center of pressure　36
圧力ヘッド
　pressure head　　63
粗い管
　fully rough pipe　108
アルキメデスの原理
　Archimedes' principle　41

【い】

位置ヘッド
　elevation head　　63
一様流
　uniform flow　　22, 55
入口区間
　entrance region　97

【う】

渦あり流れ
　rotational flow　57
渦　度
　vorticity　　57
渦度ベクトル
　vorticity vector　57
渦なし流れ
　irrotational flow　57
運動方程式
　equation of motion　75

運動量厚さ
　momentum thickness　164
運動量の法則
　momentum theorem　79

【え】

エネルギー勾配線
　energy grade line　127
エネルギー線
　energy line　　65
エネルギー保存式
　energy conservation
　equation　　63, 70
エルボ
　elbow　　123

【お】

オイラーの式
　Euler's equation　77

【か】

回　転
　rotation　　57
回転力
　torque　　89
外部摩擦
　external friction　98
界面張力
　surface tension　19
角運動量の法則
　angular momentum
　theorem　　89
渦動粘性
　eddy kinematic viscosity
　　　　　　　　99
壁法則
　law of the wall　170
カルマン渦列
　Karman vortex street　147

カルマンの式
　Karman's formula　110
カルマン・プラントルの
　1/7乗則
　Karman-Prandtl's
　one-seventh law　107
完全真空
　perfect vacuum　27
完全に発達した流れ
　fully developed flow　97
管摩擦係数
　friction factor　100
管路系
　piping system　126
管路網
　pipe network　131

【き】

境界層
　boundary layer　163
境界層厚さ
　boundary layer thickness
　　　　　　　　164
境界層遷移
　boundary layer transition
　　　　　　　　165
強制渦
　forced vortex　56
局所損失
　local loss　　117
局所壁面摩擦係数
　local coefficient of skin
　friction　　100

【く】

クエット流れ
　Couette flow　13

【け】

形状係数
　shape factor　164

索　引

ゲージ圧力
　gauge pressure　27
検査体積
　control volume　60

【こ】

工学単位
　gravitational units　8
効率
　efficiency　122
後流
　wake　180
合流管
　combining junction　125
抗力
　drag　139
国際単位系
　International System of Units　6
コールブルークの式
　Colebrook's formula　110

【さ】

最大揚力係数
　maximum lift coefficient　160
サクションピーク
　suction peak　158

【し】

指数法則
　power law　107
失速
　stall　160
失速角
　stall angle　160
質量
　mass　10
質量流量
　mass flow rate　61
自由渦
　free vortex　56

修正ベルヌーイの式
　modified Bernoulli's equation　127
出発渦
　starting vortex　162
助走距離
　inlet length　97
助走区間
　inlet region　97
真空ゲージ圧力
　vacuum gauge pressure　27
真の値
　true value　9

【す】

水頭
　hydraulic head　63
水動力
　water power　131
推力
　thrust　88
水力勾配線
　hydraulic grade line　65, 127
水力直径
　hydraulic diameter　116
水力平均深さ
　hydraulic mean depth　115
ストークス近似
　Stokes' approximation　151
ストークスの式
　Stokes' equation　151
ストークスの流れ
　Stokes' flow　151
ストローハル数
　Strouhal number　147

【せ】

静圧
　static pressure　67
絶対圧力
　absolute pressure　27

全圧
　total pressure　67
全圧力
　total pressure force　35
遷移
　transition　165
遷移層
　transition layer　106
遷移領域
　transition region　110
せん断層
　shear layer　179
全ヘッド
　total head　63
全揚程
　total head　130

【そ】

相対的静止
　relative stationary　44
層流
　laminar flow　58, 95
速度ヘッド
　velocity head　63
速度ポテンシャル
　velocity potential　153
束縛渦
　bound vortex　162
損失係数
　coefficient of head loss　118

【た】

体積弾性係数
　bulk modulus of elasticity　16
体積流量
　volumetric flow rate　61
ダルシー・ワイスバッハの式
　Darcy-Weisbach's equation　101
断面積が緩やかに広がる管
　divergent pipe　120

索引

【て】

定常流
　steady flow　55
ディフューザ
　diffuser　120
低臨界レイノルズ数
　lower critical Reynolds number　97

【と】

動圧
　dynamic pressure　67
等エントロピー流れ
　isentropic flow　63
等価直径
　equivalent diameter　116
動粘性係数
　kinematic viscosity　15
動粘度
　kinematic viscosity　15
トリチェリの定理
　Torricelli's theorem　66
トリッピングワイヤ
　tripping wire　177

【な】

内部摩擦
　internal friction　98
流れ関数
　flow function　153
流れの遷移
　transition　96
流れ場
　flow field　54
ナビエ・ストークス方程式
　Navier-Stokes' equation　78
滑らかな管
　smooth pipe　108

【に】

ニクラゼの式
　Nikuradse's formula　109
二次流れ
　secondary flow　123
ニュートンの粘性法則
　Newton's law of friction　14, 98
ニュートン流体
　Newtonean fluid　14

【ぬ】

ぬれ縁長さ
　wet perimeter　115

【ね】

粘性
　viscosity　13
粘性係数
　viscosity　12
粘性底層
　viscos sublayer　106
粘性流体
　viscous fluid　13
粘度
　coefficient of viscosity　12

【の】

のど部
　throat　68

【は】

排除厚さ
　displacement thickness　164
ハーゲン・ポアズイユの式
　Hagen-Poiseuile's equation　105
ハーゲン・ポアズイユの流れ
　Hagen-Poiseuille's flow　103

パスカルの原理
　Pascal's law　25

【ひ】

非一様流
　nonuniform flow　56
比重
　specific gravity　11
非定常流
　unsteady flow　55
ピトー管
　Pitot tube　66
非ニュートン流体
　non-Newtonean fluid　14
非粘性流体
　inviscid fluid　13
標準大気圧
　standard atmospheric pressure　27
表面張力
　surface tension　19

【ふ】

負圧
　negative pressure　27
複素ポテンシャル
　complex potential　153
浮体
　floating body　43
浮揚体
　floating body　43
ブラジウスの式
　Blasius's formula　109
プラントル・カルマンの式
　Prandtl-Karman's formula　109
浮力
　buoyancy　41
分岐管
　dividing junction　125
噴流
　jet　179

索引

【へ】
平均翼弦長
　　mean chord　　155
ヘッド
　　head　　29, 63
ベルヌーイの式
　　Bernoulli's equation　　63
ベンチュリ管
　　venturi tube　　68
ベンド
　　bend　　122

【ほ】
ポテンシャルコア
　　potential core　　180
ポテンシャル流れ
　　potential flow　　153

【ま】
摩擦速度
　　friction velocity　　170
マッハ数
　　Mach number　　17
マノメータ
　　manometer　　30
丸め誤差
　　round-off error　　9

【み】
密度
　　density　　10

【む】
迎角
　　angle of attack　　156

【S】
SI 単位
　　International System of Units　　6

【め】
ムーディ線図
　　Moody diagram　　110

【め】
メタセンタ
　　metacenter　　44

【ゆ】
有効数字
　　significant figures　　8

【よ】
揚抗比
　　lift/drag ratio　　161
揚力
　　lift　　139
翼弦長
　　chord　　155
翼端渦
　　wing-tip vortex　　162
翼幅
　　wing span　　155
翼面積
　　wing area　　155
よどみ点
　　stagnation point　　66

【ら】
ランキン渦
　　Rankine vortex　　56
乱流
　　turbulent flow　　58, 96
乱流層
　　turbulent layer　　106

【数字】
1/7 乗則
　　one-seventh law　　107

【り】
理想流体
　　ideal fluid　　22
流管
　　stream tube　　60
流跡線
　　path line　　55
流線
　　stream line　　55
流体摩擦
　　fluid friction　　98
流脈線
　　streak line　　55
流量
　　flow rate　　61
流路縮小係数
　　coefficient of contraction　　119
臨界速度
　　critical velocity　　96
臨界レイノルズ数
　　critical Reynolds number　　59, 96

【れ】
レイノルズ応力
　　Reynolds stress　　98
レイノルズ数
　　Reynolds number　　59, 96
連続の式
　　continuity equation　　61

―― 著者略歴 ――

鈴木　康方（すずき　やすまさ）
1999年　日本大学理工学部機械工学科卒業
2001年　日本大学大学院理工学研究科博士前期課程修了（機械工学専攻）
2006年　東京大学大学院工学系研究科博士課程修了（機械工学専攻）
　　　　博士（工学）
2006年　日本大学理工学部助手
2008年　日本大学理工学部専任講師
2015年　日本大学理工学部准教授
2020年　日本大学理工学部教授
　　　　現在に至る

関谷　直樹（せきや　なおき）
2003年　日本大学理工学部機械工学科卒業
2005年　日本大学大学院理工学研究科博士前期課程修了（機械工学専攻）
2007年　日本大学理工学部助手
2011年　博士（工学）（日本大学）
2012年　日本大学理工学部助教
2021年　日本大学理工学部准教授
　　　　現在に至る

彭　國義（ほう　こくぎ）
1996年　清華大学大学院工学研究科博士後期課程修了（機械工学専攻）（中国）
　　　　工学博士
1997年　富山県立大学助手
2008年　日本大学工学部准教授
2013年　日本大学工学部教授
　　　　現在に至る

松島　均（まつしま　ひとし）
1979年　慶應義塾大学工学部機械工学科卒業
1981年　慶應義塾大学大学院工学研究科博士前期課程修了（機械工学専攻）
1981年　株式会社日立製作所勤務
1987年　工学博士（慶應義塾大学）
2008年　日本大学生産工学部教授
　　　　現在に至る

沖田　浩平（おきた　こうへい）
1996年　大阪大学工学部機械工学科卒業
1998年　大阪大学大学院工学研究科博士前期課程修了（機械物理工学専攻）
2002年　大阪大学大学院工学研究科博士後期課程修了（機械物理工学専攻）
　　　　博士（工学）
2002年　東京大学研究員
2006年　理化学研究所研究員
2007年　理化学研究所上級研究員
2011年　日本大学生産工学部准教授
　　　　現在に至る

流 体 力 学
Fluid Dynamics　　　　　　　　　　　ⓒ Suzuki, Sekiya, Peng, Matsushima, Okita 2018

2018 年 6 月 15 日　初版第 1 刷発行
2021 年 12 月 20 日　初版第 4 刷発行

検印省略	著　者	鈴　　木	康	方	
		関　　谷	直	樹	
		彭	國	義	
		松　　島		均	
		沖　　田	浩	平	
	発 行 者	株式会社　コロナ社			
		代 表 者　牛来真也			
	印 刷 所	三美印刷株式会社			
	製 本 所	有限会社　愛千製本所			

112-0011　東京都文京区千石 4-46-10
発行所　株式会社　コ ロ ナ 社
CORONA PUBLISHING CO., LTD.
Tokyo Japan
振替 00140-8-14844・電話 (03) 3941-3131 (代)
ホームページ　https://www.coronasha.co.jp

ISBN 978-4-339-04535-2　　C3353　　Printed in Japan　　　　　　（柏原）

〈出版者著作権管理機構 委託出版物〉
本書の無断複製は著作権法上での例外を除き禁じられています。複製される場合は，そのつど事前に，
出版者著作権管理機構（電話 03-5244-5088，FAX 03-5244-5089，e-mail: info@jcopy.or.jp）の許諾を
得てください。

本書のコピー，スキャン，デジタル化等の無断複製・転載は著作権法上での例外を除き禁じられています。
購入者以外の第三者による本書の電子データ化及び電子書籍化は，いかなる場合も認めていません。
落丁・乱丁はお取替えいたします。

機械系教科書シリーズ

（各巻A5判，欠番は品切です）

■編集委員長　木本恭司
■幹　　　事　平井三友
■編集委員　青木　繁・阪部俊也・丸茂榮佑

	配本順			頁	本体
1.	（12回）	機械工学概論	木本恭司 編著	236	2800円
2.	（1回）	機械系の電気工学	深野あづさ 著	188	2400円
3.	（20回）	機械工作法（増補）	平井三友・和田任弘・塚本晃久 共著	208	2500円
4.	（3回）	機械設計法	朝比奈奎一・黒田孝春・山口健二 共著	264	3400円
5.	（4回）	システム工学	古荒吉浜 井村克 諴斎己 共著	216	2700円
6.	（5回）	材料学	久保井原 徳恵 洋藏 共著	218	2600円
7.	（6回）	問題解決のための Cプログラミング	佐中藤村 次理一 男郎 共著	218	2600円
8.	（32回）	計測工学（改訂版）—新SI対応—	前木押 田村田 良二至 昭郎啓 共著	220	2700円
9.	（8回）	機械系の工業英語	牧生 野水 雅之 秀也 共著	210	2500円
10.	（10回）	機械系の電子回路	高阪 橋部 晴俊 雄也 共著	184	2300円
11.	（9回）	工業熱力学	丸木 茂本 榮恭 佑司 共著	254	3000円
12.	（11回）	数値計算法	藪伊 藤藤 司惇 共著	170	2200円
13.	（13回）	熱エネルギー・環境保全の工学	井木山 田本崎 民恭友 男司紀 共著	240	2900円
15.	（15回）	流体の力学	坂坂 田本 光雅 雄彦 共著	208	2500円
16.	（16回）	精密加工学	田明 口石 紘剛 二誠 共著	200	2400円
17.	（30回）	工業力学（改訂版）	吉米 村内 夫山 誠靖 共著	240	2800円
18.	（31回）	機械力学（増補）	青木繁 著	204	2400円
19.	（29回）	材料力学（改訂版）	中島正貴 著	216	2700円
20.	（21回）	熱機関工学	越老吉 智固本 敏潔隆 明一光 也一 共著	206	2600円
21.	（22回）	自動制御	阪飯 部田 俊賢 也一 共著	176	2300円
22.	（23回）	ロボット工学	早櫟矢 川野松 恭弘順 明彦一 共著	208	2600円
23.	（24回）	機構学	重大 高 洋敏 一男 共著	202	2600円
24.	（25回）	流体機械工学	小池勝 著	172	2300円
25.	（26回）	伝熱工学	丸矢牧 茂尾野 榮匡州 佑永秀 共著	232	3000円
26.	（27回）	材料強度学	境田彰芳 編著	200	2600円
27.	（28回）	生産工学 —ものづくりマネジメント工学—	本位田皆川 光健多郎 重郎 共著	176	2300円
28.	（33回）	ＣＡＤ／ＣＡＭ	望月達也 著	224	2900円

定価は本体価格＋税です。
定価は変更されることがありますのでご了承下さい。

図書目録進呈◆

機械系コアテキストシリーズ

(各巻A5判)

■編集委員長　金子　成彦
■編集委員　　大森　浩充・鹿園　直毅・渋谷　陽二・新野　秀憲・村上　存（五十音順）

	配本順								頁	本体
		材料と構造分野								
A-1	(第1回)	材　料　力　学	渋谷　陽二 中谷　彰宏	共著					348	3900円
		運動と振動分野								
B-1		機　械　力　学	吉村　卓也 松村　雄一	共著						
B-2		振　動　波　動　学	金子　成彦 姫野　武洋	共著						
		エネルギーと流れ分野								
C-1	(第2回)	熱　　　力　　　学	片岡　勲 岡田　憲司	共著					180	2300円
C-2	(第4回)	流　体　力　学	鈴木　康方 関谷　直樹 彭　國義 松島　均 沖田　浩平	共著					222	2900円
C-3		エネルギー変換工学	鹿園　直毅	著						
		情報と計測・制御分野								
D-1		メカトロニクスのための計測システム	中澤　和夫	著						
D-2		ダイナミカルシステムのモデリングと制御	髙橋　正樹	著						
		設計と生産・管理分野								
E-1	(第3回)	機　械　加　工　学　基　礎	松村　隆 笹原　弘之	共著					168	2200円
E-2	(第5回)	機　械　設　計　工　学	村上　存 柳澤　秀吉	共著					166	2200円

定価は本体価格+税です。
定価は変更されることがありますのでご了承下さい。

図書目録進呈◆